AutoCAD 2016家具设计经典课堂

汪仁斌　编著

U0352955

清华大学出版社
北京

内 容 提 要

本书以AutoCAD 2016为写作平台，以"理论+应用"为创作导向，用简洁的形式、通俗的语言对AutoCAD软件的应用，以及一系列典型的实例进行了全面讲解。

全书共12章，分别对AutoCAD辅助绘图基础知识、住宅家具的设计、商用办公家具的设计进行了阐述，已达到授人以渔的目的。其中，知识点涵盖了家具设计入门知识、AutoCAD2016软件概述、绘图环境和对象特性的设置、图层的创建与管理、家具图形的绘制和编辑、图案的填充、家具图块的创建与应用、文本和表格的应用、尺寸标注、家具模型的创建与渲染、图形的输出与打印内容。

本书结构清晰，思路明确，内容丰富，语言简练，解说详略得当，既有鲜明的基础性，也有很强的实用性。

本书既可作为大中专院校及高等院校相关专业学生的学习用书，又可作为家具设计从业人员的参考用书。同时，也可以作为社会各类AutoCAD培训班的首选教材。

图书在版编目(CIP)数据

AutoCAD 2016家具设计经典课堂 / 汪仁斌编著 —北京：清华大学出版社，2018

ISBN 978-7-302-49686-1

Ⅰ.①A… Ⅱ.①汪… Ⅲ.①家具—计算机辅助设计—AutoCAD软件—教材 Ⅳ.①TS664.01-39

中国版本图书馆CIP数据核字（2018）第034522号

责任编辑：陈冬梅
封面设计：杨玉兰
责任校对：王明明
责任印制：刘海龙

出版发行：清华大学出版社

　　　　网　　　址：http://www.tup.com.cn，http://www.wqbook.com
　　　　地　　　址：北京清华大学学研大厦A座　　　　　邮　　编：100084
　　　　社　总　机：010-62770175　　　　　　　　　　邮　　购：010-62786544
　　　　投稿与读者服务：010-62776969，c-service@tup.tsinghua.edu.cn
　　　　质量反馈：010-62772015，zhiliang@tup.tsinghua.edu.cn

印　装　者：三河市金元印装有限公司

经　　销：全国新华书店

开　　本：200mm×260mm　　　　印　　张：16.5　　　　字　　数：390千字

版　　次：2018年4月第1版　　　　印　　次：2018年4月第1次印刷

印　　数：1～3000

定　　价：49.00元

产品编号：077190-01

为啥要学习 AutoCAD

设计图是设计师的语言，作为一名优秀的设计师，除了要有丰富的设计经验外，还必须掌握几门绘图技术。早期设计师们都采用手工绘图，由于设计图纸具有随着设计方案的变化而变化的特点，使得设计师们需要反复修改图纸，可想而知工作量是多么繁重。随着时代的进步，计算机绘图取代了手工绘图，并被普遍应用于各个专业领域，其中 AutoCAD 软件应用最为广泛。从建筑到机械；从水利到市政；从服装到电气；从室内设计到园林景观，可以说凡是涉及机械制造或建筑施工的行业，都能见到 AutoCAD 软件的身影。目前，AutoCAD 软件已成为各专业设计师必备技能之一，所以想成为一名出色的设计师，学习 AutoCAD 是必经之路。

AutoCAD 软件介绍

Autodesk 公司自 1982 年推出 AutoCAD 软件以来，先后经历了十多次的版本升级，目前主流版本为 AutoCAD 2016。该版本的界面根据用户需求做了更多的优化，旨在使用户更快完成常规 CAD 任务、更轻松地找到更多常用命令。从功能上看，该版本除了保留空间管理、图层管理、图形管理、选项板的使用、块的使用、外部参照文件的使用等优点外，还增加了很多更为人性化的设计，例如新增了捕捉几何中心、调整尺寸标注宽度、智能标注功能以及云线功能。

系列图书内容设置

本系列图书以 AutoCAD 2016 为写作平台，以"理论知识＋实际应用＋案例展示"为创作思路，全面阐述了 AutoCAD 在设计领域的强大功能。在讲解过程中，结合各领域的实际应用，对相关的行业知识进行了深度剖析，以辅助读者完成各种类型的设计工作。正所谓要"授人以渔"，读者不仅可以掌握这款绘图设计软件，还能利用它独立完成作品的创作。本系列图书包含以下图书作品：

⇒《AutoCAD 2016 中文版经典课堂》
⇒《AutoCAD 2016 室内设计经典课堂》
⇒《AutoCAD 2016 家具设计经典课堂》
⇒《AutoCAD 2016 园林设计经典课堂》
⇒《AutoCAD 2016 建筑设计经典课堂》
⇒《AutoCAD 2016 电气设计经典课堂》
⇒《AutoCAD 2016 机械设计经典课堂》

配套资源获取方式

目前市场上很多计算机图书中配带的 DVD 光盘，总是容易破损或无法正常读取。鉴于此，

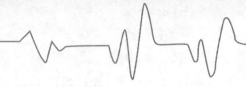

需要获取本书配套实例、教学视频的老师可以发送邮件到 619831182@QQ.com 或添加微信公众号 DSSF007 回复"经典课堂",制作者会在第一时间将其发至您的邮箱。

 适用读者群体

本系列图书主要面向大中专院校及高等院校相关设计专业的学生;室内、建筑、园林景观、家具、机械以及电气设计的从业人员;除此之外,还可以作为社会各类 AutoCAD 培训班的培训教材,同时也是 AutoCAD 自学者的良师益友。

作者团队

本书由汪仁斌编写。其中,刘鹏、王晓婷、郝建华、刘宝锺、杨桦、李雪、徐慧玲、崔雅博、彭超、伏银恋、任海香、李瑞峰、杨继光、周杰、刘松云、吴蓓蕾、王赞赞、李霞丽、周婷婷、张静、张晨晨、张素花、赵盼盼、许亚平、刘佳玲、王浩、王博文等均参与了具体章节的编写工作,在此对他们的付出表示真诚的感谢。

致 谢

为了令本系列图书尽可能满足读者的需要,许多人付出了辛勤的劳动。在此,向参与本书出版工作的"ACAA 教育集团"和"Autodesk 中国教育管理中心"的领导及老师、出版社的策划编辑等人员,致以诚挚谢意。同时感谢清华大学出版社的所有编审人员为本系列图书的出版所付出的辛勤劳动。本系列图书在编写过程中力求严谨细致,但由于时间和精力有限,书中仍难免存在疏漏和不妥之处,希望各位读者朋友们多多包涵,并批评指正,万分感谢!

读者朋友在阅读本系列图书时,如遇到与本书有关的技术问题,可以通过添加微信号 dssf2016 进行咨询,或者在获取资源的公众平台留言,我们将在第一时间与您互动解答。

编者

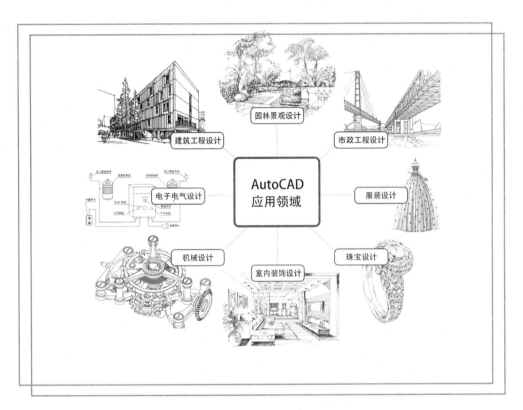

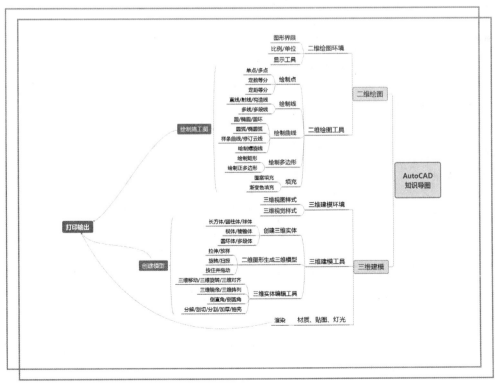

　　家具设计是室内设计学科中的一部分。而家具施工图是用于表达家具造型、材质、颜色的施工图样。在对室内进行装饰设计时，设计师可以根据室内的风格，设计一套家具产品，以烘托室内环境氛围。在绘制家具图时，AutoCAD软件起了很大的作用，它可以轻松地绘制出家具的各种造型，以便更好地表达出设计师们的创意。

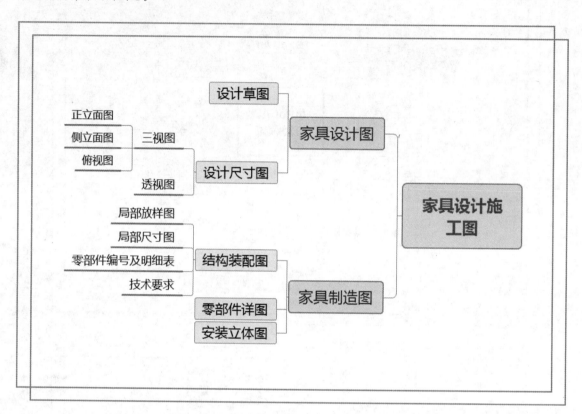

CAD 目录

第7章　绘制三维家具模型

第8章　编辑三维家具模型

第9章　客餐厅家具设计

第 10 章　厨卫洁具设计

第 11 章　卧房家具设计

第 12 章　商用办公家具设计

附录 I　家具布置的常用尺度

附录 II　家具设计的标准尺寸

第1章

家具设计基本理论

本章将着重对家具设计的基本概念进行阐述，比如家具的风格、家具的分类以及家具图纸的规格等。通过对这些内容的学习，可以为进一步的家具设计奠定良好的基础。

知识要点

▲ 家具的风格　　　　　　　　▲ 家具设计原则

▲ 家具的分类　　　　　　　　▲ 家具的尺度

1.1 家具设计概述

家具设计是根据使用者的需求，用图形（或模型）和文字说明等形式表示出来的设想和意图。家具设计主要是对产品的功能、材料、构造、艺术形态、色彩等形式进行综合处理，以满足人们对物质与审美的需求。

1.1.1 家具的风格

家具设计是室内设计的重要组成部分，其风格决定了室内环境氛围。当代家具的风格很多，比较具有代表性的有欧式古典风格、北欧风格、美式风格、后现代风格、日式风格、中国古典风格等。

1. 欧式古典风格

该风格的家具追求精雕细琢、精益求精的艺术境界。丰富的装饰元素是该风格最大的特点。其家具轮廓和转折部分由对称而富有节奏感的曲线或曲面构成，并装饰镀金铜饰面，结构简练，线条流畅，艺术感强，具有华贵优雅的气质，如图1-1所示。

图1-1　欧式古典风格家具

2. 北欧风格

该风格的家具主要以简约、自然、清新的艺术风格为主，深受年轻人追捧。北欧风格又分为多种类型，其中欧式田园类型是该风格的主要特征之一，该类型的家具主要以布艺和纯手工制作为主，碎花、条纹、苏格兰格子纹等每一种布艺都乡土味十足，其材质多采用松木和椿木，做工十分讲究，如图1-2所示。

图1-2 北欧风格家具

3. 美式风格

美式风格家具特别强调舒适、气派、实用和多功能的特点，怀旧、浪漫是对美式家具最好的评价。在家具设计上，美式家具力求与大自然零距离接触，美式实木家具给人的整体感觉是十分大气，特点是豪华气派、高贵典雅中带着朴素和粗犷、装饰性强，如图1-3所示。

图1-3 美式风格家具

知识拓展

美式涂装家具是美式家具的精华，涂装家具是指用涂装工艺对家具表面进行处理的家具。该类家具在欧美地区比较流行。它体现了复古、自然的状态，充分保留木材原有的纹路及颜色，由于制作时，其每道工艺都是追求精益求精，所以该风格的家具价格相对比较高。

4. 后现代风格

后现代派突破了现代派简明单一的局限，主张兼容并蓄，无论古今中外，凡能满足居住生活所需的都加以采用。利用设置隔墙、屏风、柱子或壁炉的手法来制造空间的层次感，使居室在界限含糊的空间，利用细柱、隔墙形成空间层次的不尽感和深远感，将墙壁处理成各种角度的波浪状，形成隐喻象征的居室装饰格调，如图1-4所示。

图1-4 后现代风格家具

5. 日式风格

日式风格的特点是淡雅、简洁，它一般采用清晰的线条，给人以优雅、清洁的感觉，并有较强的几何立体感。日式风格家具最有代表性的装修便是榻榻米，是休息的闲聊地，同时在下方设有超大的储物空间，如图 1-5 所示。

图 1-5　日式风格家具

6. 中国古典风格

清式家具以装饰见长，繁琐堆砌。清代家具的工艺在乾隆时期盛极一时，出现了许多能工巧匠和优秀的民间艺人，所制造的高级玲珑家具，装饰华贵、风格独特、雕刻精巧，极富欣赏价值，如图 1-6 所示。

图 1-6　中国古典风格家具

知识拓展

中式装饰常用的元素有花板、条案、屏风、圈椅。其中花板形状多样，有方形、八角形、圆形等，其雕刻图案丰富多彩，一般都为传统吉祥图案等，将其挂在墙上或地柜上，起到装饰点缀的作用；条案在古代作供台之用，而现代有作风水玄关之用；屏风造型多样，有实木雕花，手绘人物、花草、吉祥图案等，有作隔断或区分空间之用；圈椅则为官帽椅，是明式家具的代表作，造型合理，线条简洁，可以说在整个中式风格中具有代表作用。

1.1.2　家具的分类

家具按材质可分为实木家具、板式家具、软体家具、不锈钢及玻璃家具、藤艺家具等。

1. 实木家具

实木家具是指用天然木材制成的家具，这样的家具在表面一般都能看到木材美丽的花纹。

家具制造者一般为实木家具涂饰清漆或亚光漆等来表现木材的天然色泽和纹理。实木家具可以分为两种：

（1）纯实木家具。

家具的所有用材都是实木，包括桌面、衣柜的门板、侧板等均采用实木制成，不使用其他任何形式的人造板，纯实木家具对工艺及材质要求很高，如图1-7所示。

（2）仿实木家具。

所谓仿实木家具从外观上看是实木家具，木材的自然纹理、手感及色泽都和实木家具一模一样，但实际上是实木和人造板混用的家具，即侧板，顶、底、搁板等部件采用薄木贴面的刨花板或中密度纤维板，门和抽屉则采用实木。这种工艺不仅节约了木材，也降低了成本，如图1-8所示。

图1-7　纯实木家具

图1-8　仿实木家具

2. 板式家具

板式家具是以人造板材（中密度板、刨花板、细木工板等）为基材，以人造薄木皮或原木色皮、三聚氰胺板等作饰面的家具。板式家具的优点是板材成型、性能稳定、不易变形、加工和运输都较为方便。

板式家具的贴面有如下几种形式：

（1）原木皮贴面。

常见木皮的色彩从浅到深，有樱桃木、枫木、白桦、红桦、柚木、黄花梨、红花梨、胡桃木、白影木、红影木、紫檀、黑檀等。

（2）原木复合木皮。

用不同颜色的原木皮一层层叠起来，经树脂高压胶合形成木方，再从剖面切片，形成一条条颜色不同、木种不同的新型木皮。

（3）原木色皮。

该种家具相对来说比较便宜，一般价位为木贴面的2/3至1/2，但在使用中较易出现划伤、贴面卷起等现象。

（4）塑制贴面皮。

这类贴面为石化产品，表面经专用印刷机印刷木纹和花饰，背面备胶，经过热压精密仪器胶贴而成。

（5）防火板。

防火板贴面耐磨且不怕烫，有木纹、素面、石纹和其他花饰，多用于板式工具、橱具等。

3．软体家具

软体家具主要指的是以海绵、外包、皮或织物为主体的家具，如沙发、床等家具。软体家具属于家具中的一种，包含休闲布艺、真皮、仿皮、皮加布类的沙发、软床。如图 1-9、图 1-10 所示。

图 1-9　布艺睡床

图 1-10　皮质沙发

软体家具的制造工艺主要依靠手工工艺，主工序包括钉内架、打底布、粘海绵、裁、车外套到最后的扣工工序。

4．不锈钢及玻璃家具

该类家具是以钢管、玻璃等材料为主体，并配以人造板等辅助材料制成的家具，具有通透感和时代感。

玻璃家具一般采用高硬度的强化玻璃和金属框架，玻璃的透明清晰度高出普通玻璃的 4~5 倍。高硬度强化玻璃坚固耐用，能承受常规的磕、碰、击、压的力度，所以完全能承受和木制家具一样的重量，如图 1-11 所示。

随着现代钢铁工业的发展，我国也采用钢管来制作家具，如床、椅、桌、柜等。有的常和夹板家具结合制造，用钢管作构架，其特点是坚固简便，易与夹板获取轻巧统一的效果，如图 1-12 所示。

图 1-11　玻璃茶几

图 1-12　钢管沙发

5．藤艺家具

藤艺家具给人清新自在的感觉，藤制品色彩幽雅，风格清新质朴，在融入了现代高超的设计艺术后，藤艺家具具有轻巧耐用，流线性强，雅致古朴的优点，特别是它们所张扬的生命力，为整个家居营造出一种朴素的自然气息，如图 1-13、图 1-14 所示。

图 1-13　藤制休息座椅　　　　　　　　　　　图 1-14　藤制沙发

知识拓展

除了以上介绍的家具种类外，还有一种类别的家具，那就是专门为儿童设计和使用的家具。该家具有着多彩的颜色和多种使用功能，能够充分满足儿童活泼好动的特点。在制作工艺上该类家具也十分讲究。

1.1.3　家具设计基本原则

在对家具进行设计时，通常要遵循以下几点基本原则：

（1）满足人们需求原则。

家具设计的基本目的就是为了满足人们的物质需求。设计师需从人们的日常生活状态中推断出潜在的社会需求，从而作为家具产品研发的重要依据。

（2）具有创造性原则。

设计的过程就是创造的过程，所以具有创造性是设计的重要原则之一。一味地模仿设计，完全体现不了产品的特殊性。家具功能的拓展，新材料、新结构的研发都需要设计师利用创造性思维和创新的技法整合出来。

（3）遵循人体工程学原则。

遵循人体工程学的基本原则，目的就是为了避免因家具设计不当，而带来使用效率低下、使用疲劳、事故、忧患等各种有形的损失。将人和家具及空间环境之间相互协调，使人的生理、心理都得到最大的满足。

（4）综合性思维原则。

在进行家具设计时，不仅要符合造型规律，还要符合科学技术的规律；不仅要考虑家具造型的风格是否与空间环境相协调，还要考虑用材、结构、加工工艺甚至其经济效益等。

（5）考虑资源持续利用原则。

由于家具用材大多都是使用不同的木材加工而成的，而随着木材资源越来越少，天然木材越显得珍贵，所以在进行设计时，需要考虑其木材资源持续利用的原则。

1.2 设计幅面及格式

家具制图是家具行业从业者交流技术的主要语言之一，是指导加工的直接依据，所以绘制家具图纸要严格执行家具制图方面的国家标准。

1.2.1 图纸图幅

图幅是指绘图时采用的图纸幅面。绘制图样时，应根据图样的大小来选择图纸的幅面，必要时，也允许由基本幅面的短边成整数倍增加幅面。其简单地归结为：A0 图纸是 A1 图纸的两倍，A1 图纸是 A2 图纸的两倍，以此类推。

1.2.2 图框格式

图框线表示图纸绘图范围，用粗实线绘制，图框的格式分为有装订框和无装订框两种，边距尺寸根据不同的图纸幅面变化，如图 1-15 所示。

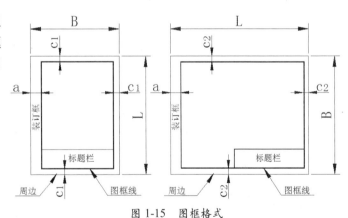

图 1-15　图框格式

图幅及其边距尺寸具体如表 1-1 所示（单位：mm）。

表 1-1　图幅及其边距尺寸

幅面代号	A0	A1	A2	A3	A4
B×L	841×1189	594×841	420×594	297×420	210×297
a	25				
c1	10			5	
c2	20			10	

1.3 图线

　　图中采用的各种形式的线称为图线。其作为工程术语，是指起点和终点间以任何方式连接的一种几何图形。

1.3.1 图线形式及应用

　　图线的基本线型包括实线、虚线、双折线、波浪线、点画线、双点画线、三点画线、点线、长画短画线、双画双点线、画三点线等，其中常见图线形式如表 1-2 所示。

表 1-2　图线形式

线型名称	图线形式	应用范围
实　线	————————————	可见轮廓线
	————————————	尺寸线、尺寸界线、剖面线、引出线等
虚　线	- - - - - - - - - - - -	不可见轮廓线
双折线	——————〜——————	断裂处的边界线
波浪线	〜〜〜〜〜〜〜	断裂处的边界线、视图与局部视图的分界线
点画线	— · — · — · — · — ·	轴线、对称中心线
	━ ▬ ━ ▬ ━ ▬ ━ ▬	特殊要求的线
双点画线	— · · — · · — · · —	极限位置线、中断线
三点画线	— · · · — · · · —	假想位置线、中断线
点　　线	· · · · · · · · · · · ·	轴线，对称中心

1.3.2 图线画法

　　图线的画法规定如下：

● 粗线的宽度应根据图形的大小和复杂程度的不同，在 0.5mm 到 2mm 之间选择，应尽量保证在图样中不出现宽度小于 0.18mm 的图线。

● 同一图样中，同类图线的宽度应一致。虚线、点画线及双点画线的线段长度和间隔应各自大致相等。

● 两条平行线（包括剖面线）之间的距离应不小于粗实线的两倍宽度，其最小距离不得小于 0.7mm。

● 一般中心线应超出轮廓线 3~5mm 为宜。

● 绘制较小图时，允许用细实线代替点画线。

1.4 尺寸标注

对于仅完成绘图工作的图形，无论采用多精确的打印比例，也不能向生产人员传达足够的设计信息。使用尺寸标注可以清楚地传达绘图者的设计信息。尺寸标注是一种通用的图形注释，它可以显示对象的测量值、对象之间的距离或角度等。

1.4.1 基本规定

在中文版 AutoCAD 软件中，对图形进行尺寸标注时，应遵循以下规则：

● 物体的真实大小应以图样上所标注的尺寸数值为依据，与图形的大小及绘图的准确度无关。

● 图样中的尺寸以毫米为单位时，不需要标注计量单位的代号或名称。如采用其他单位，则必须注明相应计量单位的代号或名称，如度、厘米、米等。

● 图样中所标注的尺寸为该图样所表示的物体最后完工尺寸，否则应另加说明。

● 物体的每个尺寸，一般只标注一次，并应标注在最后反映该对象最清晰的图形上。

1.4.2 尺寸要素

AutoCAD 提供了完善的尺寸标注功能，不仅可以在各个方向为各类对象创建标注，而且还可以方便快捷地以一定格式创建符合行业或项目标准的标注。

一个完整的尺寸应包括尺寸界线、尺寸线和尺寸数字三个基本要素。

1. 尺寸界线

尺寸界线用细实线绘制，并应由图形的轮廓线、轴线或对称中心线处引出，也可利用轮廓线、轴线或对称中心线作尺寸界线。当表示曲线轮廓上各点的坐标时，可将尺寸线或其延长线作为尺寸界线。

2. 尺寸线

当尺寸线与尺寸界线相互垂直时，同一张图样中只能采用一种尺寸线终端的形式。当采用箭头时，在位置不够的情况下，允许用圆点或斜线代替箭头。标注线性尺寸时，尺寸线必须与所标注的线段平行。同时，尺寸线不能用其他图线代替，一般也不得与其他图线重合或画在其延长线上。需要强调的是，在标注角度时，尺寸线应画成圆弧，其圆心是该角的顶点。

3. 尺寸数字

线性尺寸的数字一般应注写在尺寸线的上方，也允许注写在尺寸线的中断处。应尽可能地避免在图示30°范围内标注尺寸。对于非水平方向的尺寸，可以水平地注写在尺寸线的中断处。

上机操作

在学习了本章内容后，需要读者在网络中搜索相关资料，并给出以下论述题的确切答案。

（1）家具设计的发展方向。

（2）作为一名家具设计师，要想设计出一个好的家具产品，需要经过哪几步操作。

第2章

AutoCAD 家具设计入门

在学习了家具设计的一些基本知识 后，接下来进入软件和案例的学习过程。本章将介绍 AutoCAD 2016 绘图软件的基本操作。通过对本章内容的学习，可以为后面的绘图操作奠定良好的基础。

知识要点

- ▲ AutoCAD 2016 工作界面
- ▲ 绘图环境的设置
- ▲ 图形文件的基本操作
- ▲ 捕捉功能的应用
- ▲ 图层的设置与管理

2.1 认识 AutoCAD 2016

AutoCAD 2016 是迄今为止用户群体最多的版本，它能使用户以更快的速度、更高的准确性制作出具有丰富视觉精准度的设计图。下面一起来了解 AutoCAD 2016 的新功能及其工作界面。

2.1.1 AutoCAD 2016 的新特性

随着 AutoCAD 版本的不断更新换代，其功能也随之日益增强。AutoCAD 2016 版本将比之前的版本新增了不少实用功能，如几何中心、尺寸标注、智能标注等功能。

1. 捕捉几何中心

在使用 AutoCAD 2016 之前的版本捕捉某个多边形的中心时，需要在多边形中绘制直线才能捕捉其中心点。而在 AutoCAD 2016 版本中，用户只需右键单击状态栏中的"对象捕捉"按钮，在打开的快捷列表中勾选"几何中心"选项，或在"草图设置"对话框中勾选该选项，如图 2-1、图 2-2 所示。

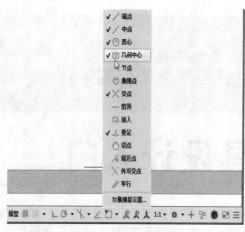

图 2-1 利用右键设置

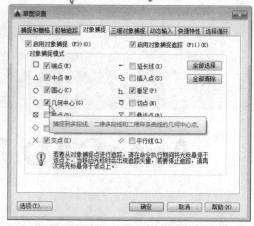

图 2-2 利用"草图设置"对话框设置

设置完成后，执行任意绘图命令，此时在多边形中心位置会显示其中点标记，如图 2-3 所示。用户可捕捉该中心点完成图形的绘制操作，如图 2-4 所示。

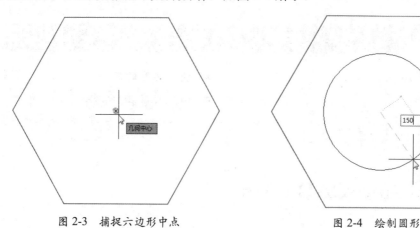

图 2-3 捕捉六边形中点   图 2-4 绘制圆形

2. 调整尺寸标注内容的宽度

在 AutoCAD 2016 之前的版本中，只能对尺寸标注的内容进行编辑，而不能调整其宽度。在 AutoCAD 2016 版本中，用户既可以更改标注内容，也可以利用文字编辑器来调整其宽度，方法为：在命令行中输入"DIMTXTRULER"命令后，回车，将其系统变量参数设为 1。此时双击尺寸标注文本内容，系统会自动打开文字编辑器，然后拖动调节按钮即可，如图 2-5、图 2-6 所示。

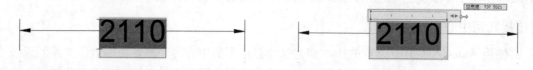

图 2-5 旧版本编辑尺寸标注内容   图 2-6 使用 DIMTXTRULER 系统变量设置

3. 添加智能标注功能

在 AutoCAD 2016 版本中，使用一种标注命令即可标注所有类型的图形。在"注释"选项卡的"标注"面板中，单击"标注"按钮，系统会自动根据选择的图形形状进行标注。

4. 云线功能增强

在 AutoCAD 2016 版本中，用户可以根据绘图需要，选择执行"矩形"云线、"多边形"云线或"徒手画"云线命令。用户只需在"绘图"面板中，单击"修订云线"下拉按钮，在打开的列表中选择即可，如图 2-7 所示。

图 2-7　新增云线功能

2.1.2　AutoCAD 2016 的启动与退出

成功安装 AutoCAD 2016 软件后，系统会在桌面创建 AutoCAD 的快捷启动图标，并在程序文件夹中创建 AutoCAD 程序组。用户可以通过下列方式启动 AutoCAD 2016。

● 执行"开始"→"所有程序"→ Autodesk →"AutoCAD 2016- 简体中文（Simplified Chinese）"命令。

● 双击桌面上的 AutoCAD 2016 快捷启动图标。

● 双击任意一个 AutoCAD 2016 图形文件。

图纸保存好后，单击窗口右上角的"关闭"按钮即可退出软件，如图 2-8 所示。用户也可单击窗口左上角的"应用程序"按钮，在打开的下拉菜单中，选择"退出 Autodesk AutoCAD 2016"选项退出软件，如图 2-9 所示。

图 2-8　单击"关闭"按钮退出

图 2-9　选择相关选项退出

2.1.3　AutoCAD 2016 的工作界面

启动 AutoCAD 2016 软件即可进入其工作界面，并打开准备好的图纸，如图 2-10 所示。（系统默认的绘图背景为黑色，通过设置后，则显示为白色）

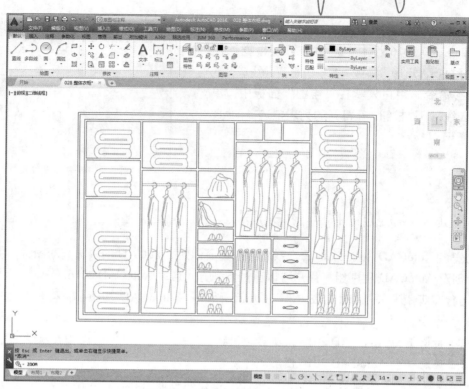

图 2-10　AutoCAD 2016 的工作界面

1.　"应用程序"按钮

该按钮是提供快速的文件管理与图形发布以及选项设置的快捷路径方式。单击界面左上角的"应用程序"按钮，在打开的下拉菜单中，用户可对图形进行新建、打开、保存、输出、发布、打印及关闭操作等，如图 2-11 所示。

在该菜单中，带有▶符号的命令选项，表示该命令带有级联菜单，如图 2-12 所示。当命令以灰色显示时，则表示命令不可用。

图 2-11　菜单列表

图 2-12　级联菜单

2. 快速访问工具栏

快速访问工具栏默认位于操作界面的左上方，该工具栏包含一些常用命令的快捷方式，例如新建、打开、保存、另存为、打印及放弃快捷命令。单击"工作空间"下拉按钮，可在下拉列表中选择所需的绘图环境。

3. 标题栏

标题栏位于工作界面的最顶端。标题栏左侧依次显示的是"应用程序"图标、"快速访问工具栏"选项、当前运行程序的名称和文件名、"搜索""登录""交换""保持连接""帮助"以及窗口控制按钮。

4. 菜单栏

菜单栏位于快速访问工具栏的下方，功能区的上方。在默认情况下，菜单栏处于隐藏状态，用户只需在标题栏中单击"自定义快速访问工具栏"按钮，在弹出的快捷菜单中，选择"显示菜单栏"选项即可显示，如图 2-13 所示。

在菜单栏中主要包括文件、编辑、视图、插入、格式、工具、绘图、标注、修改、参数、窗口、帮助 12 个主菜单。单击任意菜单按钮，即可打开相应的菜单列表，用户可根据需求进行选择操作，如图 2-14 所示。

图 2-13　显示菜单栏操作

图 2-14　格式菜单列表

5. 功能区

AutoCAD 2016 功能区位于标题栏的下方，绘图区的上方，它集中了 AutoCAD 软件的所有绘图命令选项，分别为"默认""插入""注释""参数化""视图""管理""输出""附加模块"、A360、"精选应用"、BIM360 以及 Performance 选项卡。单击任意选项卡，则会在其下方显示该命令中所包含的面板。用户可在面板中，选择所需执行的操作命令，如图 2-15 所示。

6. 文件选项卡

文件选项卡位于功能区的下方，绘图区的上方。它是以文件打开的顺序来显示的。拖动选项卡至满意位置，则可更改文件的顺序。若没有足够的空间显示所有的图形文件，此时会在其右端出现浮动菜单，用于选择更多打开的图形文件，如图 2-16 所示。

图 2-15　功能区

图 2-16　文件选项卡

绘图技巧

如果要关闭图形选项卡，可单击左上角的"应用程序"按钮，在打开的下拉菜单中，选择"选项"选项，在"选项"对话框的"显示"选项卡中，取消勾选"显示文件选项卡"复选框，然后单击"确定"按钮即可将其关闭。

7. 绘图区

绘图区是用户绘图的主要工作区域，它占据了屏幕绝大部分空间。所有图形的绘制都是在该区域完成的。绘图区的左下方为用户坐标系（UCS）；左上方则显示当前视图的名称及显示模式；而在右侧则显示当前视图三维视口及缩放快捷工具栏，如图 2-17 所示。

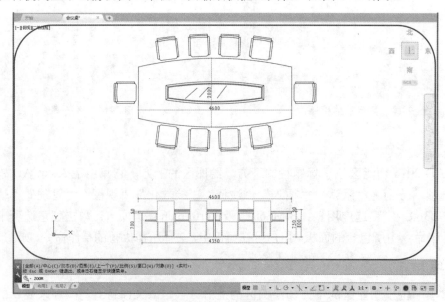

图 2-17　绘图区

知识拓展

在制图过程中，如果想扩大绘图区域，可关闭功能区和图形选项卡。单击三次功能区中的"最小化"按钮▲即可关闭功能区。

8. 命令行

命令行在默认情况下位于绘图区的下方，当然也可以根据需要将其移至其他合适位置。命令行用于输入系统命令或显示命令提示信息，如图 2-18 所示。

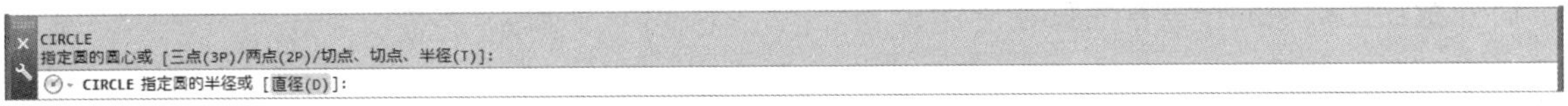

图 2-18　命令行

9. 状态栏

状态栏位于命令行的下方、操作界面的最底端，用于显示当前用户的工作状态。状态栏的左侧显示"模型""布局 1""布局 2"选项卡，而右侧显示一些绘图辅助工具，如"栅格显示""捕捉模式""正交限制光标""极轴追踪""对象捕捉"、视图显示属性等，如图 2-19 所示。

图 2-19　状态栏

10. 快捷菜单

一般情况下，快捷菜单是隐藏的，在绘图窗口的空白处单击鼠标右键将弹出快捷菜单。在无操作状态下单击鼠标右键弹出的快捷菜单，与在操作状态下单击鼠标右键弹出的快捷菜单是不同的。如图 2-20 所示为无操作状态下的快捷菜单。

11. 工具选项板

工具选项板为用户提供了组织、共享和放置块及填充图案选项卡，如图 2-21 所示。用户可以通过以下方式打开或关闭工具选项板。

图 2-20　无操作状态下的快捷菜单

图 2-21　工具选项板

● 执行"工具"→"选项板"→"工具选项板"命令，可打开或关闭工具选项板。
● 单击"视图"选项卡下"选项板"面板中的"工具选项板"按钮。

单击工具选项板右上角的"特性"按钮，将会显示特性菜单，从中可以对工具选项板执行移动、改变大小、自动隐藏、设置透明度、重命名等操作。

2.2 设置绘图环境

由于每个用户的绘图习惯不同，在绘图前都会进行一番设置，好让绘制的图纸更加精确。下面介绍绘图环境的一些常用设置操作。

2.2.1 绘图界限的设置

为了在一个有限的显示界面上绘图，可以通过以下方法为绘图区域设置边界。
● 执行"格式"→"图形界限"命令。
● 在命令行中输入 LIMITS，然后按回车键。

执行以上任意一种操作后，即可根据命令行中的提示信息来设置。

命令行的提示内容如下：

```
命令：'_limits
重新设置模型空间界限：
指定左下角点或 [开(ON)/关(OFF)] <0.0000,0.0000>:        （默认设置，按回车键）
指定右上角点 <420.0000,297.0000>:        （输入图限大小，中间用逗号隔开，按回车键即可）
```

2.2.2 绘图单位的设置

在绘图之前，进行绘图单位的设置是很有必要的。对于任何图形而言，总要设置其大小、精度以及所采用的单位。而各个行业领域的绘图要求不同，其单位、大小也会随之改变。

在菜单栏执行"格式"→"单位"命令，打开"图形单位"对话框，根据需要设置"长度""角度"以及"插入时的缩放单位"选项，如图 2-22 所示。

在命令行中，输入"UNITS"后回车，同样可以打开"图形单位"对话框。

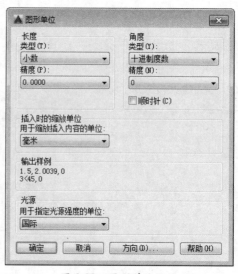

图 2-22　图形单位设置

2.2.3 绘图比例的设置

绘图比例的设置与所绘制图形的精确度有很大关系。比例设置得越大，绘图的精确度则越高。当然各行业领域的绘图比例是不相同的。所以在制图前，需要调整好绘图比例。

在菜单栏中，执行"格式"→"比例缩放列表"命令，打开"编辑图形比例"对话框，在"比例列表"中选择所需的比例值，单击"确定"按钮即可，如图 2-23 所示。

如果比例列表中没有需要的比例值，只需单击"添加"按钮，在"添加比例"对话框的"显示在比例列表中的名称"文本框中，输入需要的比例值，并设置好"图纸单位"和"图形单位"数值，单击"确定"按钮，如图 2-24 所示。返回到上一层对话框，在"比例列表"中选择添加的比例值，单击"确定"按钮即可。

图 2-23 选择比例值

图 2-24 添加比例值

2.2.4 系统基本参数的设置

每个用户的绘图习惯都不相同，在绘图前，对一些基本参数进行正确的设置，才能够提高制图效率。

单击"应用程序"按钮，在其下拉菜单中选择"选项"选项，在"选项"对话框中，用户可对所需参数进行设置，如图 2-25 所示。

图 2-25 "选项"对话框

下面将对"选项"对话框中的各选项卡进行说明。

● 文件：该选项卡用于确定系统搜索支持文件、驱动程序文件、菜单文件和其他文件。

● 显示：该选项卡用于设置窗口元素、显示精度、显示性能、十字光标大小和参照编辑的颜色等参数。

● 打开和保存：该选项卡用于设置系统保存文件类型、自动保存文件的时间及维护日志等参数。

● 打印和发布：该选项卡用于设置打印输出设备。

● 系统：该选项卡用于设置三维图形的显示特性、定点设备以及常规等参数。

● 用户系统配置：该选项卡用于设置系统的相关选项，其中包括"window 标准操作""插入比例""坐标数据输入的优先级""关联标注""超链接"等参数。

● 绘图：该选项卡用于设置绘图对象的相关操作，例如"自动捕捉""捕捉标记大小""AutoTrack 设置"以及"靶框大小"等参数。

● 三维建模：该选项卡用于设置创建三维图形时的参数。例如"三维十字光标""三维对象""视口显示工具"以及"三维导航"等参数。

● 选择集：该选项卡用于设置与对象选项相关的特性。例如"拾取框大小""夹点尺寸""选择集模式""夹点颜色"以及"选择集预览""功能区选项"等参数。

● 配置：该选项卡用于设置系统配置文件的创建、重命名、删除、输入、输出以及配置等参数。

● 联机：在联机选项卡中选择登录后，可进行联机方面的设置，用户可将 AutoCAD 的有关设置保存到云上，这样无论在家庭或是办公室，可以保证 AutoCAD 设置总是一致的，包括模板文件、界面、自定义选项等。

实战——自定义当前绘图环境

在绘图过程中，用户可以根据以往的绘图习惯，对当前系统默认的绘图环境进行更改操作，其具体操作如下：

Step 01 双击 AutoCAD 2016 程序图标，打开"开始"界面，单击"开始绘图"图标按钮，新建空白文件。在状态栏中，单击"显示图形栅格"按钮，取消栅格显示。

Step 02 在快速访问状态栏中，单击"自定义快速访问工具栏"按钮，在下拉菜单中选择"显示菜单栏"选项，打开菜单栏。

Step 03 单击功能区中的"最小化面板"按钮，在打开的列表中，选择"最小化为选项卡"选项，如图 2-26 所示。

Step 04 选择完成后，功能区中的选项卡将被隐藏，结果如图 2-27 所示。

图 2-26 最小化为选项卡

图 2-27 隐藏选项卡

Step 05 在绘图区空白处单击鼠标右键，在快捷菜单中选择"选项"命令，如图 2-28 所示。

Step 06 在"选项"对话框的"显示"选项卡中,取消勾选"显示文件选项卡"复选框,如图 2-29 所示。

图 2-28 选择"选项"命令

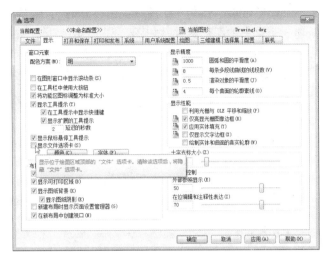

图 2-29 取消勾选相关选项

Step 07 在"显示"选项卡的"十字光标大小"选项组中,将其数值设为 100,更改光标大小,如图 2-30 所示。

Step 08 设置完成后,单击"确定"按钮,关闭对话框。此时用户即可打开所需的 CAD 图纸文件进行绘制操作,结果如图 2-31 所示。

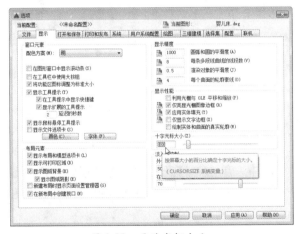

图 2-30 更改光标大小

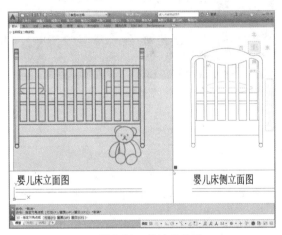

图 2-31 最终结果图

2.3 图形文件的操作管理

为了避免由于误操作导致图形文件的意外丢失,在操作过程中,需随时对当前文件进行保存。下面介绍 AutoCAD 图形文件的基本操作与管理。

2.3.1 新建图形文件

启动 AutoCAD 2016 软件后，在打开的"开始"界面中，单击"开始绘制"图案按钮，即可新建一个空白的图形文件，如图 2-32 所示。

除了可以用以上操作新建空白文件外，用户还可以通过以下几种方法来新建图形文件。

● 执行"文件"→"新建"命令。

● 单击软件图标按钮▲，在打开的菜单列表中执行"新建"→"图形"命令。

● 单击快速访问工具栏中的"新建"按钮▢。

● 单击绘图区上方"文件"选项卡中的"新图形"按钮 ➕。

● 在命令行中输入 NEW 命令，然后按回车键。

执行以上任意操作后，系统将打开"选择样板"对话框，从文件列表中，选择需要的样板文件，单击"打开"按钮即可创建新的图形文件，如图 2-33 所示。

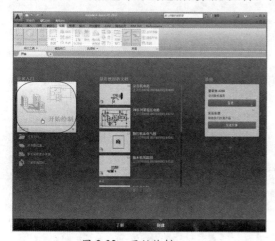

图 2-32　开始绘制

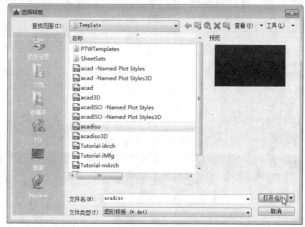

图 2-33　选择样板文件

2.3.2 打开图形文件

启动 AutoCAD 2016 后，在打开的"开始"界面中，单击"打开文件"选项按钮，在"选择文件"对话框中，选择所需图形文件即可打开。用户还可通过以下几种方式打开已有的图形文件。

● 执行"文件"→"打开"命令。

● 单击软件图标按钮▲，在打开的菜单列表中执行"打开"→"图形"命令。

● 单击快速访问工具栏中的"打开"按钮 📂。

● 在命令行中输入 OPEN 命令，再按回车键。

执行以上任意操作后，系统自动打开"选择文件"对话框，选择所需的图形文件，单击"打开"按钮即可，如图 2-34 所示。

在"打开"对话框中，选中要打开的图形文件，单击"打开"下拉按钮，在打开的下拉列表中，用户还可根据需要选择打开的方式，例如"以只读方式打开""局部打开"或"以只读方式局部打开"，如图 2-35 所示。

图 2-34　打开文件

图 2-35　局部打开文件

2.3.3　保存图形文件

在 AutoCAD 2016 软件中，保存图形文件的方法有两种，分别为"保存"和"另存为"。

对于新建的图形文件，在文件选项卡中，选择要保存的图形文件，单击鼠标右键，选择"另存为"命令，如图 2-36 所示。在打开的"图形另存为"对话框中，指定文件的名称和保存路径后单击"保存"按钮，即可将文件保存，如图 2-37 所示。

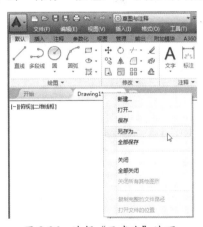

图 2-36　选择"另存为"选项

图 2-37　保存文件

对于已经存在的图形文件，改动后只需按 Ctrl+S 快捷键即可快速保存。用户也可在软件图标下拉菜单中，单击"保存"按钮来替换早期图形文件。

2.3.4　关闭图形文件

在 AutoCAD 2016 中，用户可通过以下方法将文件关闭。

● 执行"文件"→"关闭"命令即可关闭当前图形文件。

● 在"文件"选项卡中选择要关闭的文件，单击"关闭"按钮，或单击鼠标右键，选择"关闭"命令即可。

● 单击软件图标按钮，在打开的菜单列表中，选择"关闭"选项，或在其级联菜单中，根据需要选择"当前图形"或"所有图形"选项。

● 在命令行中输入 CLOSE 命令，按回车键。

关闭文件时，如果当前图形文件事先没有进行保存，则系统将打开命令提示框。单击"是"按钮即可保存当前文件；若单击"否"按钮，则可取消保存，并关闭当前文件。

2.4 绘图基本输入操作

AutoCAD 软件提供了多种绘图输入方式，对于初学者来说使用菜单和工具栏方式输入是最为稳妥的。若想加快绘图速度，则需熟知命令行输入的方式。

2.4.1 命令的重复、撤销和重做

重复使用同一项命令，或取消上一步操作等，这些问题在绘图时经常能够遇到。下面将分别对其进行简单介绍。

1. 命令重复

在绘制过程中，如果要反复使用同一项命令，则可通过以下方法进行命令重复操作。

● 按键盘上的空格键即可重复执行上一次命令。

● 在绘图区的空白处，单击鼠标右键，在弹出的快捷菜单中选择"重复 CIRCLE"命令，同样也可执行命令重复操作，如图 2-38 所示。

2. 撤销命令

在完成某一项操作后，若想将该操作取消，则可通过以下方法撤销命令。

● 在命令行中输入 UNDO 或 U 后按回车键即可撤销上一步操作。

● 右键单击绘图区的空白处，在弹出的快捷菜单中选择"放弃 ***"命令即可撤销上一步操作。

● 在标题栏中，执行"放弃"命令即可撤销上一步操作。

如果想同时撤销多个命令，可在快速访问工具栏中，单击"放弃"下拉按钮，在弹出下拉菜单中，选择要撤销的命令选项即可，如图 2-39 所示。

3. 重做命令

在 AutoCAD 中，如果撤销了不该撤销的命令，此时则需要执行重做命令了。使用重做命令，可将撤销的图形还原回来，

图 2-38　右键菜单重复命令

图 2-39　同时撤销多个命令

用户可通过以下方法进行操作。

● 按快捷键 Ctrl+Z 即可执行重做命令。

● 在命令行中，输入 REDO 命令后按回车键即可。

● 在菜单栏中，执行"编辑"→"重做"命令，同样可进行重做操作，如图 2-40 所示。

图 2-40 执行"重做"命令

2.4.2 命令执行方式

在 AutoCAD 中，常用的命令输入方式有三种：调用菜单栏命令、使用命令选项卡以及在命令行输入命令。用户可根据绘图习惯来选择输入方式。

1. 调用菜单栏输入命令

调用菜单栏命令的方法主要是通过选择菜单栏中的下拉菜单命令，或快捷菜单中的相应命令进行输入。例如，在绘图区中，要绘制一个圆形，用户可执行"绘图"→"矩形"命令，其后根据命令行中的提示即可完成矩形的绘制，如图 2-41 所示。

2. 使用功能区输入命令

该方法是通过在功能区的命令选项组中，单击所需命令来输入的。例如，执行"默认"→"绘图"→"矩形"命令，根据命令行提示，同样也可在绘图区中绘制矩形，如图 2-42 所示。

图 2-41 菜单栏命令输入

图 2-42 使用功能区命令输入

3. 使用命令行输入命令

在命令行中直接输入命令，按回车键，即可根据提示完成图形的绘制。

命令行提示信息如下：

```
命令：_rectang
指定第一个角点或 [倒角(C)/标高(E)/圆角(F)/厚度(T)/宽度(W)]：
指定另一个角点或 [面积(A)/尺寸(D)/旋转(R)]：@200,500
```

2.5 图形的选择方式

用户要对图形进行编辑时，首先需要选取图形。正确选取图形对象，可以提高作图效率。在 AutoCAD 中，图形的选取方式有多种，下面分别进行介绍。

2.5.1 选取图形的方式

在 AutoCAD 软件中，用户既可通过点选图形的方式选择图形，也可通过框选的方式进行选择，当然也可通过套索或栏选等方式来选择。

1. 点选图形方式

点选的方法较为简单，用户只需直接选取图形对象即可。当用户要选择某个图形时，只需将光标放置该图形上，然后单击该图形即可选中。当图形被选中后，将会显示该图形的夹点。若要选择多个图形，则只需按住 Shift 键单击其他图形即可，如图 2-43、图 2-44 所示。

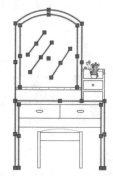

图 2-43 选择单个图形　　图 2-44 选择多个图形

用该方法选择图形较为简单、直观，但其精确度不高。如果在较为复杂的图形中进行选取操作，往往会出现误选或漏选现象。

2. 框选图形方式

在选择大量图形时，使用框选方式较为合适。选择图形时，用户只需在绘图区中单击确定框选起点，移动光标至合适位置即可，如图 2-45 所示。此时在绘图区中会显示矩形窗口，而在该窗口内的图形将被选中，选择完成后再次单击鼠标左键即可，如图 2-46 所示。

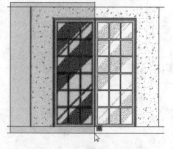

图 2-45 框选图形范围　　图 2-46 选择结果

框选图形的方式分为两种，一种是从左至右框选，而另一种则是从右至左框选。

● 从左至右框选，称为窗口选择，而其位于矩形窗口内的图形将被选中，窗口外图形不会被选中。

● 从右至左框选，称为窗交选择，其操作方法与窗口选择相似，它同样也会创建矩形窗口，并选中窗口内所有图形。与窗口方式不同的是，在进行框选时，与矩形窗口相交的图形也可以被选中，如图 2-47、图 2-48 所示。

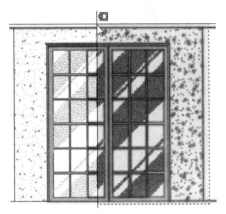
图 2-47　从右至左框选

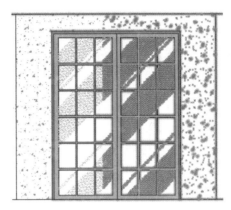
图 2-48　框选结果

3. 套索选取方式

使用套索选取方式来选择图形，灵活性较大，它可通过不规则形状围选图形。用户在选择图形时，按住鼠标左键不放，拖动光标至满意位置，如图 2-49 所示。放开鼠标后，所有在套索范围内的图形将被选中，如图 2-50 所示。

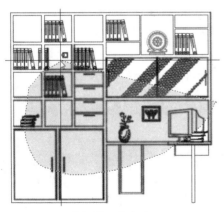
图 2-49　套索选取

图 2-50　选取方式

4. 栏选图形方式

栏选方式是利用一条开放的多段线进行图形的选择，所有与该线段相交的图形都会被选中。在对复杂图形进行编辑时，使用栏选方式，可以方便地选择连续的图形。用户只需在命令行中输入 F 并按回车键，即可选择图形，如图 2-51、图 2-52 所示。

命令行提示如下：

命令：指定对角点或 [栏选(F)/圈围(WP)/圈交(CP)]：f　　　　（输入"F"，选择"栏选"选项）
指定下一个栏选点或 [放弃(U)]：　　　　　　　　　　　　（选择下一个拾取点）

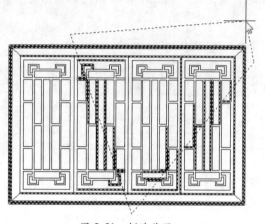

图 2-51　栏选范围

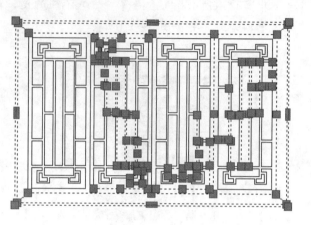

图 2-52　栏选结果

5. 其他选取方式

除了以上常用选取图形的方式外，还可以使用其他一些方式进行选取，如"上一个""全部""多个""自动"等。用户只需在命令行中输入 SELECT 命令后按回车键，然后输入"？"，即可显示多种选取方式，用户可根据需要进行选取操作。

命令行提示如下：

命令：SELECT
选择对象：？　　　　　　　　　　　　　　　　　　　　　（输入"？"）
无效选择
需要点或窗口(W)/上一个(L)/窗交(C)/框(BOX)/全部(ALL)/栏选(F)/圈围(WP)/圈交(CP)/编组(G)/
添加(A)/删除(R)/多个(M)/前一个(P)/放弃(U)/自动(AU)/单个(SI)/子对象(SU)/对象(O)
　　　　　　　　　　　　　　　　　　　　　（选择所需选择的方式）

命令行中主要选取方式的说明如下：

● 上一个：选择最近一次创建的图形对象。该图形需在当前绘图区中。
● 全部：该方式用于选取图形中没有被锁定、关闭或冻结的图层上所有的图形对象。
● 添加：该方式可使用任何对象选择方式将选定对象添加到选择集中。
● 删除：该选项可使用任何对象选择方式从当前选择集中删除图形。
● 前一个：该选项表示选择最近创建的选择集。
● 放弃：该选项将放弃选择最近加到选择集中的图形对象。如果最近一次选择的图形对象多于一个，将从选择集中删除最后一次选择的图形。
● 自动：该选项将切换到自动选择，单击一个对象即可选择。单击对象内部或外部的空白区，将形成框选方法定义的选择框的第一点。
● 多个：该选项可以单击选中多个图形对象。

● 单个：该选项表示切换到单选模式，选择指定的第一个或第一组对象而不继续提示进一步选择。

● 子对象：该选项可使用户逐个选择原始形状，这些形状是复合实体的一部分或三维实体上的顶点、边和面。

● 对象：该选项表示结束选择子对象的功能，使用户可使用对象选择方法。

2.5.2 过滤选取

使用过滤选取功能可以使用对象特性或对象类型将对象包含在选择集中或排除对象。用户在命令行中输入FILTER命令并按回车键，则可打开"对象选择过滤器"对话框。在该对话框中，以图形的类型、图层、颜色、线型等特性为筛选条件，筛选出符合条件的图形，如图2-53所示。

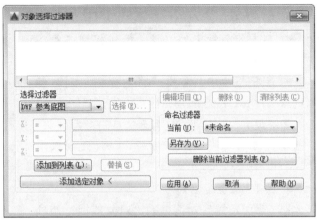

图 2-53　"对象选择过滤器"对话框

绘图技巧

用户在选择图形过程中，可随时按 Esc 键，终止目标图形对象的选择操作，并放弃已选中的目标。在 CAD 中，如果没有进行任何编辑操作，则按 Ctrl+A 组合键，可以选择绘图区中的全部图形。

2.6　捕捉功能的应用

通常为了更为精确地绘制图形，则需要使用辅助功能。在 AutoCAD 软件中，辅助功能主要包括捕捉模式、栅格显示、正交模式、极轴追踪、对象捕捉和对象捕捉追踪等，下面将对几个常用的捕捉功能进行介绍。

2.6.1　对象捕捉

对象捕捉是 AutoCAD 中使用最频繁，也是最为重要的工具之一。它是通过已存在的实体对象的特殊点或特殊位置来确定点的位置。对象捕捉有两种：自动对象捕捉和临时对象捕捉。临时对象捕捉通过"对象捕捉"工具栏实现。执行"工具"→"工具栏"→ AutoCAD →"对象捕捉"菜单命令即可打开"对象捕捉"工具栏，如图2-54所示。

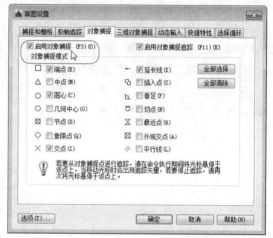

图 2-54　对象捕捉工具栏

在该工具栏中，显示了 CAD 所有的捕捉模式。而较为常用的捕捉模式为端点捕捉、中点捕捉、圆心捕捉、垂直捕捉、交点捕捉以及现象点捕捉等。

自动捕捉功能就是当用户将光标移至某一图形上时，系统会自动捕捉到该图形上的所有捕捉点，并显示相应的标记。如果光标放在捕捉点上多停留一会儿，系统还会显示捕捉的提示。这样，在选点之前，就可以预览和确认捕捉点。

用户可通过以下方法打开或关闭对象捕捉模式。

● 单击状态栏中的"将光标捕捉到二维参照点"按钮 启动。

● 在状态栏中，右击"将光标捕捉到二维参照点"按钮，然后选择"对象捕捉设置"选项，在"草图设置"对话框中，勾选"启用对象捕捉"复选框即可启动，如图 2-55 所示，反之则取消捕捉功能。

● 按 F3 功能键启动命令。

在"草图设置"对话框的"对象捕捉"选项卡中，用户可根据绘制需求，勾选所需的捕捉选项即可。

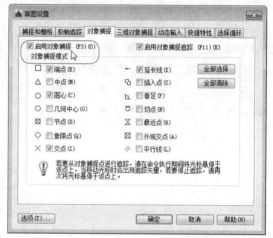

图 2-55　启动"对象捕捉"功能

2.6.2　极轴追踪

在绘制过程中，如果需要按照指定的倾斜角度绘制一段斜线段，则极轴追踪功能就能派上用场了。用户可以通过以下方法启动极轴追踪功能。

● 在状态栏中，单击"按指定角度限制光标"按钮 即可启动。

● 右击"按指定角度限制光标"按钮，在快捷菜单中，选择"正在追踪设置"命令，然后在"草图设置"对话框中，勾选"启用极轴追踪"复选框，如图 2-56 所示。在该对话框中，用户可对极轴角度进行设置。

● 按 F10 功能键启动命令。

图 2-56　设置极轴角度

知识拓展

在"草图设置"对话框中,单击"增量角"下拉按钮,选择满意的角度值即可完成设置。当然用户也可在"增量角"组合框中直接输入角度值。而附加角是极轴追踪使用列表中的任意一种附加角度,它起到辅助的作用,当绘制角度时,如果是附加角设置的角度则会有提示。附加角度是绝对的、非增量的,新建附加角时最多可添加 10 个附加角度。

实战——使用捕捉模式绘制拼花图形

使用极轴追踪、对象捕捉相关功能绘制拼花图形。

Step 01 在状态栏中,单击"按指定角度限制光标"按钮,启动极轴捕捉模式。打开"草图设置"对话框,单击"增量角"下拉按钮,选择"45"选项,如图 2-57 所示。

Step 02 在"默认"选项卡的"绘图"面板中,单击"直线"命令,在绘图区中,指定直线的起点,移动光标并捕捉 45 度角辅助线,沿着该辅助线输入长度距离为 425mm,按回车键,如图 2-58 所示。

Step 03 向上移动光标,并捕捉 45 度辅助线,并绘制长度为 425mm 的直线,如图 2-59 所示。

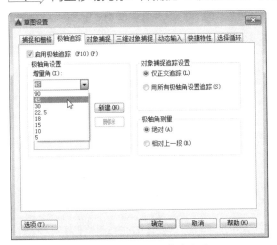

图 2-57 设置极轴追踪角度

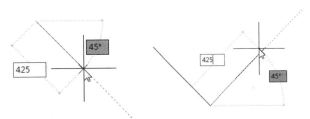

图 2-58 输入线段长度   图 2-59 绘制第二条直线

Step 04 将光标向左上角移动,捕捉 45 度辅助线,绘制长度为 425mm 的直线,如图 2-60 所示。

Step 05 将光标向左下角移动,捕捉 45 度辅助线,并在命令行中,输入 C,闭合图形,结果如图 2-61 所示。

Step 06 在状态栏中,右键单击"将光标捕捉到二维参照点"按钮,在快捷菜单中,选择"对象捕捉设置"命令,在"草图设置"对话框中,勾选所需对象捕捉类型,如图 2-62 所示。

Step 07 再次执行"直线"命令,捕捉菱形的四个端点,绘制两条相交的直线,如图 2-63 所示。

Step 08 在"默认"选项卡的"绘图"面板中,单击"圆"命令,捕捉两条垂直线的交点为圆心,捕捉菱形任意端点为半径,绘制圆形,如图 2-64 所示。至此完成拼花图形的绘制。

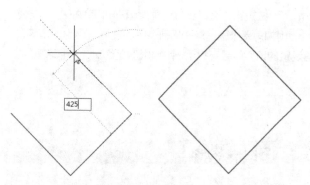
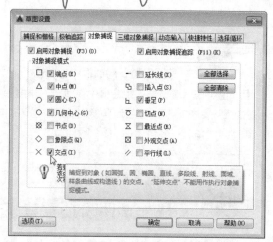

图 2-60 绘制第三条直线 图 2-61 完成菱形图形的绘制　　图 2-62 选择对象捕捉类型

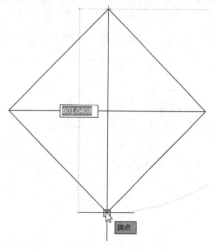
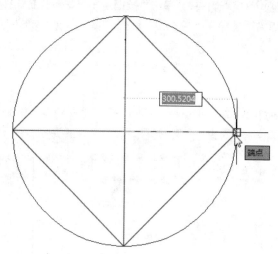

图 2-63 绘制垂直线　　　　　　　　　图 2-64 绘制圆形

2.6.3 正交模式

在约束线段为水平或垂直的时候可以使用正交模式。正交模式只能沿水平或垂直方向移动，取消该模式则可沿任意角度进行绘制。用户可通过以下方法打开或关闭正交模式。

- 在状态栏中，单击"正交限制光标"按钮 ┗。
- 按 F8 功能键启动命令。

2.6.4 动态输入

动态输入是除了命令行以外又一种友好的人机交互方式。启用动态输入功能，可以直接在光标附近显示信息或输入参数值，其数值会随着鼠标的移动而变化。

在状态栏中，右键单击任意一种捕捉命令，在打开的快捷菜单中，选择相应的设置选项，

打开"草图设置"对话框,切
换到"动态输入"选项卡,勾
选"启用指针输入"复选框即
可,用户也可根据需要勾选其
他相关选项,如图 2-65 所示。

图 2-65 启动动态输入功能

<h2>2.7 图层的设置与管理</h2>

图层可比做绘图区域中的一层透明薄片,一张图纸中可以包含多个图层。各图层之间完全
对齐,并相互叠加。图层是 AutoCAD 制图中一项比较重要的功能。合理地管理并设置好图层,
可为用户节省很多绘图时间,提高绘图效率。下面将对图层的新建与设置进行介绍。

<h3>2.7.1 创建与删除图层</h3>

创建与删除图层、设置图层属性操作,都是通过"图层特性管理器"面板来实现的。用户
可以通过以下方式打开"图层特性管理器"面板。

- 执行"格式"→"图层"命令。
- 在"默认"选项卡的"图层"面板中,单击"图层特性"按钮🔲。
- 在命令行中输入 LAYER 命令,按回车键。

1. 创建图层

在"图层特性管理器"
面板中,单击"新建图层"
按钮🗂,系统将自动创建一
个新层,并命名为"图层1",
如图 2-66 所示。双击"图层
1"名称,则可对其名称进行
更改。

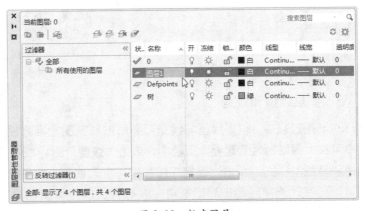

图 2-66 新建图层

除了可以用以上介绍的方法新建图层外，还可以直接右击该对话框的空白处，在弹出的快捷菜单中选择"新建图层"命令。

2. 删除图层

若想删除多余的图层，可在"图层特性管理器"面板中，选中要删除的图层，单击"删除图层"按钮，或按 Delete 键。

知识拓展

> 在默认情况下，系统只有一个 0 层。而在 0 层上是不可以绘制任何图形的。0 层主要是用来定义图块的。定义图块时，要将所有图层均设为 0 层，然后再定义块，这样在插入图块时，当前图层是哪个层，其图块就属于哪个层。

2.7.2 设置图层属性

图层创建完毕后，有时需要对创建的图层属性进行更改，如图层的颜色、线型、线宽以及图层的开启、关闭和锁定等。

1. 更改图层颜色

为了区分图层，通常会对图层的颜色进行更改。在"图层特性管理器"面板中，选中要更改的图层，单击其"颜色"图标 ■白，如图 2-67 所示，在弹出的"选择颜色"对话框中，选择所需颜色，单击"确定"按钮即可完成颜色更改操作，如图 2-68 所示。

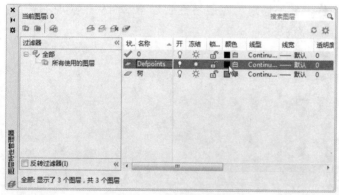

图 2-67　单击"颜色"图标

图 2-68　选择更改的颜色

2. 更改图层线型和线宽

在制图过程中，很多线型与线宽都必须按照制图标准来设定，如轴线、外轮廓线、剖面线等。用户可在"图层特性管理器"面板中，单击"线型"图标 Continuous，在"选择线型"对话框中，选择所需线型样式，单击"确定"按钮即可更改线型，如图 2-69 所示。

如果在"选择线型"对话框中，没有合适的线型，用户可单击"加载"按钮，在"加载或重载线型"对话框中，选择满意的线型，如图 2-70 所示，然后单击"确定"按钮即可出现在"选择线型"对话框中。

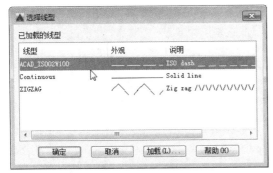

图 2-69 "选择线型"对话框

图 2-70 加载线型

在"图层特性管理器"面板中，单击"线宽"图标 —— **默认**，在"线宽"对话框中，选择所需线宽，单击"确定"按钮即可更改图层线宽，如图 2-71 所示。

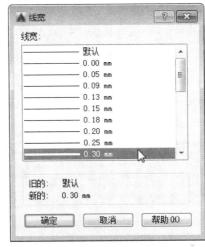

图 2-71 选择线宽

实战——创建并设置大衣柜图层

本例将利用图层的创建与设置功能，创建大衣柜图层。

Step 01 在"默认"选项卡的"图层"面板中，单击"图层特性"按钮，打开"图层特性管理器"面板，单击"新建图层"按钮，新建"轮廓线"图层，如图 2-72 所示。

Step 02 再次单击"新建图层"按钮，创建"内框线"和"辅助线"图层，如图 2-73 所示。

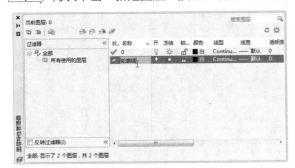

图 2-72 新建"轮廓线"图层

图 2-73 创建其他图层

Step 03 选中"内框线"图层，单击其"颜色"按钮，在"选择颜色"对话框中，设置图层颜色，单击"确定"按钮，完成图层颜色的更改操作，如图 2-74 所示。

Step 04 按照同样的操作，设置"辅助线"图层的颜色，结果如图 2-75 所示。

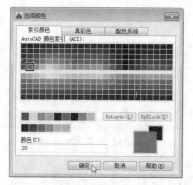
图 2-74　设置"内框线"图层颜色

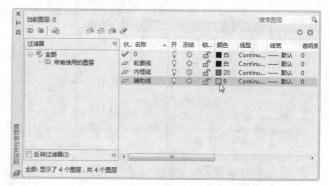
图 2-75　设置"辅助线"图层颜色

Step 05 选中"辅助线"图层，单击其"线型"按钮，在"选择线型"对话框中，单击"加载"按钮，如图 2-76 所示。

Step 06 在"加载或重载线型"对话框中，选择满意的线型样式，如图 2-77 所示，然后单击"确定"按钮，返回上一层对话框。

图 2-76　加载线型

图 2-77　选择线型

Step 07 在"选择线型"对话框中，选择加载后的线型，单击"确定"按钮，如图 2-78 所示。

Step 08 在"图层特性管理器"面板中，"辅助线"图层的线型已发生了变化，结果如图 2-79 所示。至此大衣柜图层创建完毕。

图 2-78　选择加载的线型

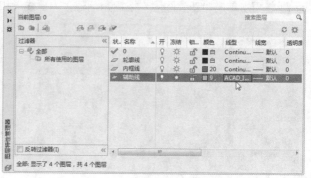
图 2-79　图层创建完毕

2.7.3 管理图层

在"图层管理器"面板中，用户不仅可创建图层、设置图层特性，还可以对创建好的图层进行管理，如锁定图层、关闭图层、过滤图层、删除图层等。

1. 置为当前层

置为当前图层是将选定的图层设置为当前图层，并在当前图层上创建对象。在 AutoCAD 中，设置当前层的方法有以下 4 种。

● 使用"置为当前"按钮设置。执行"图层特性"命令，在"图层特性管理器"面板中，选中所需图层，单击"置为当前"按钮✔。

● 使用鼠标双击设置。在"图层特性管理器"面板中，双击所需图层，即可将该图层设置为当前图层。

● 使用鼠标右键设置。在"图层特性管理器"面板中，选中所需图层，单击鼠标右键，在打开的快捷菜单中，选择"置为当前"命令。

● 使用图层面板设置。在"默认"选项卡的"图层"面板中，单击"图层"按钮，在打开的下拉列表中，选择所需图层选项，即可将其设置为当前层。

2. 打开/关闭图层

系统默认的图层都处于打开状态。若选择某个图层进行关闭，则该图层中所有的图形都不可见，且不能被编辑和打印。图层的打开与关闭操作可使用以下两种方法。

（1）使用"图层特性管理器"面板操作。

在"图层特性管理器"面板中，单击所需图层的"开"按钮♀，将其变为灰色，此时该层已被关闭，而在该层中所有的图形则不可见。反之，再次单击该按钮，将其变为高亮显示状态，则为打开图层操作，如图 2-80 所示。

（2）使用"图层"面板操作。

在"默认"选项卡的"图层"面板中，单击"图层"下拉按钮，在打开的图层列表中，单击所需图层的"开/关图层"按钮，同样可以打开或关闭该图层。需要注意的是，若该图层为当前层，则无法对其进行操作，如图 2-81 所示。

图 2-80 使用"图层特性管理器"设置

图 2-81 使用"图层"面板设置

3. 冻结/解冻图层

冻结图层有利于减少系统重生成图形的时间，冻结图层中的图形文件将不显示在绘图区中。

在"图层特性管理器"面板中，选择所需的图层，单击"冻结"按钮 ☼，即可完成图层的冻结。冻结图层后再次单击此按钮，则为解冻操作。

4. 锁定/解锁图层

当某个图层被锁定后，该图层上所有的图形将无法进行修改或编辑，这样一来，可以降低意外修改对象的可能性。用户可在"图层特性管理器"面板中，选中所需图层，单击"锁定/解锁"按钮 🔓，将其锁定。锁定图层后再次单击此按钮，则为解锁操作。当光标移至被锁定的图形上时，在光标右下角会显示锁定符号。

> **绘图技巧**
>
> 图层隔离与图层锁定在用法上相似，但图层隔离只能对选中的图层进行修改操作，而其他未被选中的图层都为锁定状态，无法进行编辑；而锁定图层只是将当前选中的图层锁定。

2.8 图形显示控制

在绘图过程中，为了使图形更好地显示，用户可对图形的显示状态进行控制操作。例如缩放视图、平移视图以及视口设置等。

2.8.1 缩放视图

在图形绘制过程中，如果想要将当前视图窗口进行放大或缩小，可使用缩放工具来操作。在 AutoCAD 软件中，系统提供了多种缩放类型，如窗口缩放、实时缩放、动态缩放、中心缩放、全屏缩放等。用户可根据需要选择缩放工具，如图 2-82、图 2-83 所示为使用"窗口缩放"工具 🔍 进行缩放。

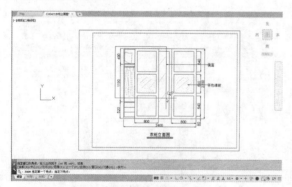

图 2-82　框选缩放范围

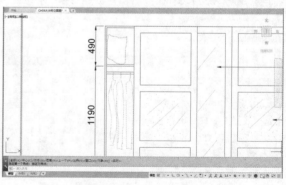

图 2-83　缩放结果

用户可通过以下方式来执行范围缩放命令。

● 在菜单栏中，执行"视图"→"缩放"命令，并在其子菜单命令中，根据需要选择缩放选项。
● 在绘图区右侧工具栏中，单击"范围缩放"下拉按钮，在其下拉列表中，选择缩放选项。
● 在命令行中输入 ZOOM 命令后按回车键。

在实际操作过程中，通常使用鼠标滚轮来进行缩放操作。将鼠标滚轮向上滚动则放大当前视图，向下滚动则缩小当前视图，而双击鼠标滚轮，则全屏显示当前视图，该操作最为方便快捷。

2.8.2 平移视图

通常在绘制过程中，如果要查看当前视图无法查看到的部分，则使用"平移"命令即可。用户可通过以下方式执行平移命令来查看图形。

● 执行"视图"→"平移"命令，在其子菜单命令中，选择满意的平移类型。
● 在绘图区右侧工具栏中，单击"平移"命令。
● 在命令行中输入 PAN 命令后按回车键。

用户还可直接按住鼠标中键，当光标呈手型状态时，拖动鼠标至满意位置，然后放开鼠标中键即可。

2.8.3 视口设置

视口是指显示图形的不同视图区域。在 AutoCAD 中，可将绘图区拆分成多个相邻的矩形视图，如图 2-84、图 2-85 所示。

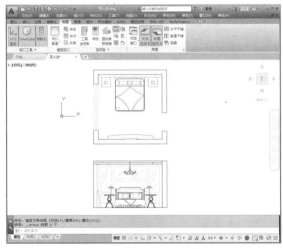

图 2-84　单个视口显示

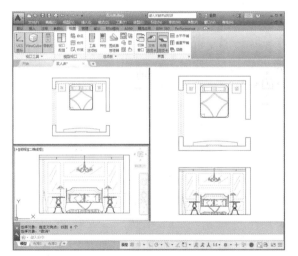

图 2-85　三个视口显示

在默认情况下，系统是以单个视口模式显示图形的。用户可以根据图纸需要，对当前视口进行相应的设置操作。

在"视图"选项卡的"模型视口"面板中，单击"视口配置"下拉按钮，在打开的下拉菜单中，选择所需视口模式，如图2-86所示。用户也可在菜单栏中，执行"视图"→"视口"命令，在打开的子菜单命令中，选择"新建视口"命令打开"视口"对话框，在该对话框的"新建视口"选项卡中，选择满意的视口模式，单击"确定"按钮同样也可创建视口，如图2-87所示。

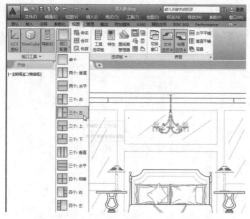

图 2-86　使用"视图"选项卡创建视口

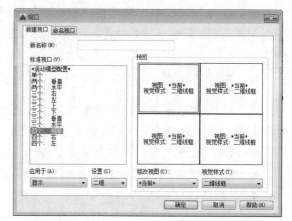

图 2-87　使用"视口"对话框创建视口

综合演练　自定义工作空间

实例路径： 实例 \CH02\ 综合演练 \ 自定义工作空间 .dwg
视频路径： 视频 \CH02\ 自定义工作空间 .avi

在学习了本章知识内容后，接下来通过具体案例练习来巩固所学的知识。本实例运用的知识点为绘图环境的设置操作。

Step 01　单击功能区右侧的"最小化面板"按钮，在快捷菜单中，选择"最小化选项卡"选项将功能区最小化操作。

Step 02　在快速访问工具栏中，单击"自定义快速访问工具栏"下拉按钮，在打开的菜单列表中，选择"显示菜单栏"选项，如图2-88所示。调出菜单栏选项。

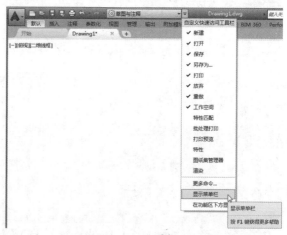

图 2-88　调出菜单栏选项

Step 03　右键单击绘图区的任意位置，在快捷菜单中，选择"选项"选项，打开"选项"对话框，在"显示"选项卡中，取消勾选"显示文件选项卡"复选框，如图2-89所示。单击"确定"按钮，此时文件选项卡将被隐藏。

图 2-89　隐藏文件选项卡

Step 04 在快速访问工具栏中，单击"工作空间"下拉按钮，在打开的下拉列表中，选择"将当前工作空间另存为"选项，如图 2-90 所示。

图 2-90　另存空间

Step 05 在"保存工作空间"对话框中，输入新的空间名称，如图 2-91 所示。

图 2-91　输入新的空间名称

Step 06 单击"保存"按钮，再次单击"工作空间"下拉按钮，此时刚保存的工作空间已显示在列表中，如图 2-92 所示。

图 2-92　查看保存的工作空间

Step 07 若要删除多余的工作空间，只需在"工作空间"列表中，选择"自定义"选项，打开"自定义用户界面"对话框，在"所有自定义文件"列表框下，右键选择要删除的空间选项，在快捷菜单中，选择"删除"选项，如图 2-93 所示。

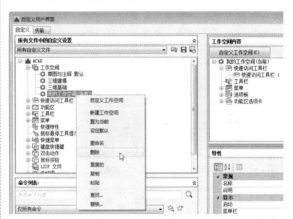

图 2-93　删除工作空间

上机操作

为了让读者能够更好地掌握本章所学到的知识，本小节将列举几个针对本章内容的拓展案例，以供读者练手！

1. 更改绘图区背景色

利用"选项"对话框中的相关参数，更改绘图区的背景色，结果如图 2-94 所示。

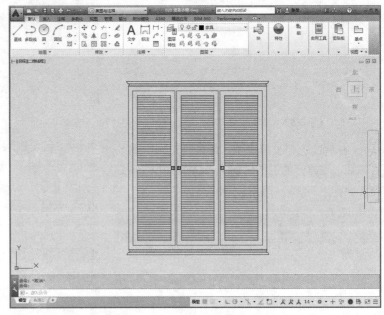

图 2-94　更改绘图区的背景色

⚠️ **操作提示：**

Step 01 打开"选项"对话框，切换到"显示"选项卡。

Step 02 在"配色方案"下拉列表中，选择"明"选项。

Step 03 单击"颜色"按钮，在"图形窗口颜色"对话框中，设置背景颜色。

2. 根据需要调出线宽显示命令

在系统默认情况下，"显示 / 隐藏线宽"是关闭状态，并隐藏在状态栏中。用户可利用自定义状态栏操作将其调出，结果如图 2-95 所示。

图 2-95　调出线宽显示功能

⚠️ **操作提示：**

Step 01 在状态栏中，单击"自定义"按钮 ≡。

Step 02 在打开的列表中，选择"线宽"选项。

第3章

绘制家具二维图形

二维命令绘图是 AutoCAD 软件最基本的命令，利用这些命令可以绘制出各种基本图形，如直线、矩形、圆、多段线及样条曲线等。本章将介绍各种二维命令的使用方法，并结合实例来完成各种简单图形的绘制。

知识要点

▲ 线段的绘制方法   ▲ 矩形的绘制方法

▲ 曲线的绘制方法   ▲ 多边形的绘制方法

3.1 绘制点

无论是直线、曲线还是其他线段，都是由多个点连接而成的，所以点是组成图形最基本的元素。在 AutoCAD 软件中，点样式是可以根据需要进行设置的。

3.1.1 点样式的设置

默认情况下，点是以圆点形式显示的。用户可以通过"点样式"对话框来设置点显示的样式。其方法为：执行"格式"→"点样式"命令，打开"点样式"对话框，根据需求来选择点样式，如图 3-1 所示。

在"点样式"对话框中，用户还可以设置当前点的大小。选中"相对于屏幕设置大小"单选按钮，其点大小以百分数形式显示；选中"按绝对单位设置大小"单选按钮，则点大小以实际单位形式显示。

设置完成点样式后，执行点命令，新绘制的点以及先前绘制的点的样式将会以新的点样式和尺寸显示。

图 3-1 "点样式"对话框

绘图技巧

在命令行中输入 DDPTYPE 命令后，按回车键，也可以打开"点样式"对话框，随后即可进行点样式的设置。

3.1.2 绘制单点及多点

点样式设置完成后，在菜单栏中执行"绘图"→"点"→"单点"命令，如图 3-2 所示。在绘图区中指定点的位置，可完成单点的绘制操作。

如果想同时绘制多个点，可在"默认"选项卡的"绘图"面板中，单击"多点"按钮，在绘图区中依次指定多个点位置，其后按 Esc 键完成多点的绘制操作。其方法与绘制单点相同，如图 3-3 所示。

图 3-2　绘制单点　　　　　　　　　　　　图 3-3　绘制多点

3.1.3 定距等分

定距命令是指在选定的图形对象上，按照指定的长度放置点的标记符号。使用"定距等分"命令，从选定对象的某一个端点开始，按照指定的长度开始划分，如图 3-4、图 3-5 所示。

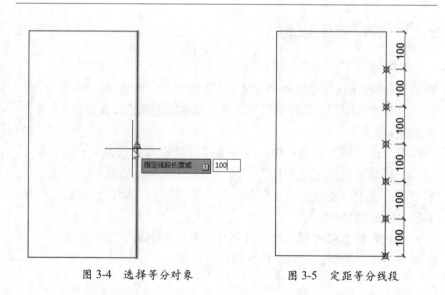

图 3-4　选择等分对象　　　　　　图 3-5　定距等分线段

用户可以通过以下方法执行"定距等分"命令。

● 执行"绘图"→"点"→"定距等分"命令。

● 在"默认"选项卡的"绘图"面板中单击"定距等分"按钮⚘。

● 在命令行中输入 MEASURE 命令，然后按回车键。

命令行提示如下：

```
命令：_measure
选择要定距等分的对象：                          （选择所需图形对象）
指定线段长度或 [块(B)]：100                      （输入线段长度值，回车）
```

3.1.4 定数等分

定数等分是将选择的曲线或线段按照指定的段数进行平均等分。用户可以通过以下方法执行"定数等分"命令，如图 3-6、图 3-7 所示。

图 3-6 选择等分数目

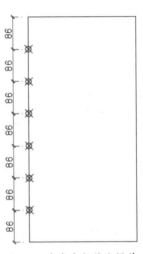

图 3-7 完成定数等分操作

● 执行"绘图"→"点"→"定数等分"命令。

● 在"默认"选项卡的"绘图"面板中单击"定数等分"按钮⚘。

● 在命令行中输入 DIV 命令后按回车键。

命令行提示如下：

```
命令：_divide
选择要定数等分的对象：                          （选择等分图形对象）
输入线段数目或 [块(B)]：4                        （输入等分数值，按回车键）
```

知识拓展

使用定数等分对象时，由于输入的是等分段数，所以如果图形对象是封闭的，在生成点的数量等于等分的段数值。

无论是使用"定数等分"或"定距等分"进行操作，并非是将图形分成独立的几段，而是在相应的位置显示等分点，以辅助其他图形的绘制。在使用"定距等分"功能时，如果当前线段长度是等分值的倍数，该线段可实现等分；反之，则无法实现真正等分。

3.2 绘制线

在 AutoCAD 中线段的类型分为多种，包括直线、射线、构造线、多线以及多段线等。线段是绘制图形的基础。下面将分别进行介绍。

3.2.1 绘制直线

直线是在绘制图形过程中最基本、常用的绘图命令，用户可以通过以下方法执行"直线"命令。
- 执行"绘图"→"直线"命令。
- 在"默认"选项卡的"绘图"面板中单击"直线"按钮╱。
- 在命令行中输入 L 命令后按回车键。

执行"直线"命令后，用户可以根据命令行的提示进行操作。命令行提示如下：

```
命令：_line
指定第一个点：                          （指定线段起点位置）
指定下一点或 [放弃(U)]：2000            （输入线段长度值，按回车键）
指定下一点或 [放弃(U)]：                （再次回车，完成操作）
```

3.2.2 绘制射线

射线常常作为辅助线来使用。它是一端固定，一端无限延伸的直线。用户可以通过以下方法执行"射线"命令。
- 执行"绘图"→"射线"命令。
- 在"默认"选项卡的"绘图"面板中单击"射线"按钮╱。
- 在命令行中输入 RAY 命令后，按回车键。

执行"射线"命令后，在绘图区确定射线的起点，然后再确定该射线所通过的点，按回车键即可完成射线的绘制。用户可重复绘制多条射线。

命令行提示如下：

```
命令：_ray 指定起点：                   （指定射线起点）
指定通过点：                            （指定通过点，按回车键）
```

3.2.3 绘制构造线

构造线是无限延伸的线，可以用来作为创建其他直线的参照，可以创建出水平、垂直、具有一定角度的构造线。用户可以通过以下方法执行"构造线"命令。
- 执行"绘图"→"构造线"命令。
- 在"默认"选项卡的"绘图"面板中单击"构造线"按钮╱。
- 在命令行中输入快捷命令 XL 后按回车键。

执行"构造线"命令后，用户可根据命令行的提示进行操作。命令行提示如下：

```
命令: _xline
指定点或 [水平(H)/垂直(V)/角度(A)/二等分(B)/偏移(O)]:        (指定构造线上的一点)
指定通过点:                                               (指定构造线第二点)
```

3.2.4 绘制与编辑多线

多线一般是由多条平行线组成的对象，平行线之间的间距和数目是可以设置的。多线主要用于绘制建筑平面图中的墙体图形。在绘制多线时，通常需要对多线样式进行设置。下面将对其相关知识进行介绍。

1. 设置多线样式

通过设置多线的样式，可以设置其线条数目、对齐方式和线型等属性，以便绘制出需要的多线样式。用户可以通过以下方法执行"多线样式"命令。

- 执行"格式"→"多线样式"命令。
- 在命令行中输入 MLSTYLE 命令后按回车键。

执行以上任意命令，都可以打开"多线样式"对话框，单击"修改"按钮，如图3-8所示。在"修改多线样式"对话框的"封口"选项组中，勾选"直线"的"起点"与"端点"，其他参数为默认，单击"确定"按钮，返回上一层对话框，再次单击"确定"按钮完成设置操作，如图3-9所示。

图 3-8 修改多线样式

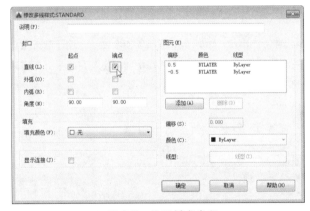

图 3-9 设置样式参数

2. 绘制多线

完成多线设置后，需通过"多线"命令进行绘制。用户可以通过以下方法执行"多线"命令。

- 执行"绘图"→"多线"命令。
- 在命令行中输入快捷命令 ML 后按回车键。

执行"多线"命令后，用户可以根据命令行中的提示信息进行操作。命令行提示如下：

```
命令:MLINE                                            (输入"多线"快捷命令)
当前设置: 对正 = 上, 比例 = 20.00, 样式 = STANDARD
指定起点或 [对正(J)/比例(S)/样式(ST)]: s                 (选择"比例"选项)
输入多线比例 <20.00>: 240                               (输入比例值)
当前设置: 对正 = 上, 比例 = 240.00, 样式 = STANDARD
```

指定起点或 [对正(J)/比例(S)/样式(ST)]: j	(选择"对正"选项)
输入对正类型 [上(T)/无(Z)/下(B)] <上>: Z	(选择对正类型)
当前设置: 对正 = 无,比例 = 240.00,样式 = STANDARD	
指定起点或 [对正(J)/比例(S)/样式(ST)]:	(指定多线起点)
指定下一点或 [闭合(C)/放弃(U)]:	(绘制多线)

绘图技巧

在绘制多线时,难免会遇到两条多线相交的情况,如果需要对相交线进行修剪,可以双击要修剪的多线,弹出"多线编辑工具"对话框,在该对话框中,有 12 种编辑工具,用户可根据情况来选择合适的编辑工具,其后按照命令行的提示信息操作,即可完成多线的修剪工作。

实战——绘制平面窗户图形

本例将利用多线命令,绘制平面户型图中的窗户图形。

Step 01 打开"窗户平面图"素材文件,执行"格式"→"多线样式"命令,打开"多线样式"对话框,单击"新建"按钮,打开"创建新的多线样式"对话框,输入新的样式名,结果如图 3-10 所示。

Step 02 单击"继续"按钮,在"新建多线样式:平面窗"对话框的"图元"列表框中,选择偏移参数"0.5",然后在"偏移"文本框中输入"120",输入完成后,被选中的"0.5"已更改为"120",如图 3-11 所示。

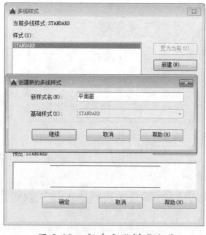

图 3-10 新建多线样式名称

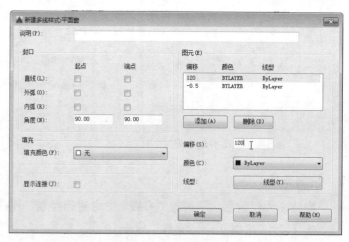

图 3-11 设置偏移参数

Step 03 在"图元"列表框中,选中"-0.5",然后在"偏移"文本框中输入"-120",如图 3-12 所示。

Step 04 单击"添加"按钮,并将其偏移值设为"40",如图 3-13 所示。

Step 05 再次单击"添加"按钮,将其偏移值设为"-40",如图 3-14 所示。

Step 06 单击"确定"按钮,返回上一层对话框,单击"置为当前"按钮,然后单击"确定"按钮,关闭对话框,完成多线样式的创建,如图 3-15 所示。

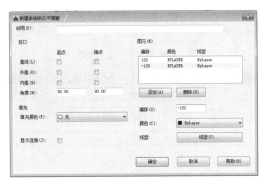

图 3-12　设置偏移参数

图 3-13　添加并设置偏移参数

图 3-14　再次添加并设置偏移参数

图 3-15　样式置为当前

Step 07　执行"绘图"→"多线"命令，根据命令行中的提示信息，将"对正"设为"无"，将"比例"设为"1"，在绘图区中，指定左侧矩形线段的中点，如图 3-16 所示。

命令行提示如下：

```
命令: _mline
当前设置: 对正 = 上, 比例 = 20.00, 样式 = 平面窗
指定起点或 [对正(J)/比例(S)/样式(ST)]: j      （输入"J"，按回车键，选择"对正"选项）
输入对正类型 [上(T)/无(Z)/下(B)] <上>: z       （选择"无"选项，按回车键）
当前设置: 对正 = 无, 比例 = 20.00, 样式 = 平面窗
指定起点或 [对正(J)/比例(S)/样式(ST)]: s      （输入"S"，按回车键，选择"比例"选项）
输入多线比例 <20.00>: 1                      （输入比例值，按回车键）
当前设置: 对正 = 无, 比例 = 1.00, 样式 = 平面窗
指定起点或 [对正(J)/比例(S)/样式(ST)]:          （指定左侧矩形线段的中点）
指定下一点:                                （指定右侧矩形线段的中点，按回车键）
指定下一点或 [放弃(U)]:
```

Step 08　指定左侧矩形线段的中点，向右移动光标，并捕捉右侧矩形的中点，按回车键，即可完成平面窗图形的绘制操作，如图 3-17 所示。

图 3-16　捕捉左侧矩形中点

图 3-17　捕捉右侧矩形的中点

3.2.5 绘制与编辑多段线

多段线是由相连的直线和圆弧曲线组成的，在直线和圆弧曲线之间可以自由切换。用户既可以设置多段线的宽度，也可以在不同的线段中设置不同的线宽。此外，还可以为线段的始末端点设置不同的线宽。

1. 绘制多段线

用户可以通过以下方法执行多段线命令。

● 执行"绘图"→"多段线"命令。

● 在"默认"选项卡的"绘图"面板中，单击"多段线"按钮。

● 在命令行中，输入 PL 命令后按回车键。

执行"多段线"命令后，用户可以根据命令行的提示进行操作。命令行提示如下：

```
命令： _pline
指定起点：                                    （指定多段线起点）
当前线宽为 0.0000                             （设置多段线线宽，默认为0）
指定下一个点或 [圆弧(A)/半宽(H)/长度(L)/放弃(U)/宽度(W)]：   （输入线段长度，指定下一点）
指定下一点或 [圆弧(A)/闭合(C)/半宽(H)/长度(L)/放弃(U)/宽度(W)]：（指定下一点，直至结束，按回车键）
```

2. 编辑多段线

如果需要对绘制好的多段线进行更改，可执行"编辑多段线"命令。在 AutoCAD 软件中，用户可通过以下方法执行编辑多段线命令。

● 在"默认"选项卡的"修改"面板中，单击"编辑多段线"按钮。

● 双击要编辑的多段线即可执行。

● 在命令行中，输入 PE 命令后按回车键。

执行"编辑多段线"命令后，用户可根据命令行的提示进行操作。命令行提示如下：

```
命令： _pedit
选择多段线或 [多条(M)]：                        （选取要编辑的多段线）
输入选项 [闭合(C)/合并(J)/宽度(W)/编辑顶点(E)/拟合(F)/样条曲线(S)/非曲线化(D)/线型生成
(L)/反转(R)/放弃(U)]：              （根据需要输入命令，如合并多段线，可输入"J"，按回车键）
```

> **知识拓展**
>
> 直线和多段线都可以绘制首尾相连的线段。而它们的区别在于，直线所绘制的是独立的线段；而多段线可以在直线和圆弧曲线之间切换，并且绘制的是一条完整的线段。

📢 实战——绘制书柜平面图

本例将利用直线、定数等分、多段线命令，绘制书柜平面图形。

Step 01 在命令行中，输入"L（直线）"命令，在绘图区中指定好直线起点，并向右移动光标，输入 3000，如图 3-18 所示。

Step 02 按回车键，将光标向上移动，输入 350，如图 3-19 所示。

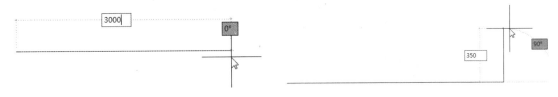

图 3-18　绘制 3000mm 线段　　　　　图 3-19　绘制 350mm 线段

Step 03 按回车键，向左移动光标，并输入 3000，如图 3-20 所示。

Step 04 按回车键，向下移动光标，并输入 C，闭合图形，如图 3-21 所示。

图 3-20　再次绘制 3000mm 线段　　　　　图 3-21　闭合图形

Step 05 按照同样的方法，绘制尺寸为 3040mm×390mm 长方形，并放置在合适位置，如图 3-22 所示。

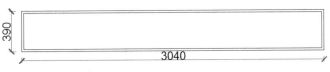

图 3-22　绘制大长方形

Step 06 在命令行中，输入"DIV（定数等分）"命令，根据命令行提示，选中内长方形的一条边线，并输入等分数 5，按回车键，完成等分操作，如图 3-23 所示。

Step 07 在命令行中输入"L（直线）"命令，捕捉等分点，绘制等分线，作为书柜隔断线，如图 3-24 所示。

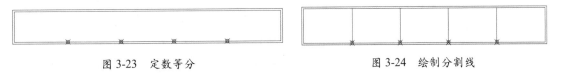

图 3-23　定数等分　　　　　图 3-24　绘制分割线

Step 08 在命令行中输入"PL（多段线）"命令，捕捉书柜左上角点，移动光标捕捉第一个等分点。向上移动光标，捕捉第二条等分线上方交点，继续移动光标并捕捉相关点，绘制如图 3-25 所示的线段。

Step 09 再次执行"多段线"命令，绘制第二条多段线，结果如图 3-26 所示。

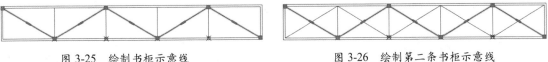

图 3-25　绘制书柜示意线　　　　　图 3-26　绘制第二条书柜示意线

Step 10 删除等分点。选中任意一条示意线，在"默认"选项卡的"特性"面板中，单击"对象颜色"下拉按钮，选择满意的颜色，如图 3-27 所示。

Step 11 单击"线型"下拉按钮，选择"其他"选项，在"线型管理器"对话框中，单击"加载"按钮，

打开"加载或重载线型"对话框，选择所需的线型选项，单击"确定"按钮，如图3-28所示。

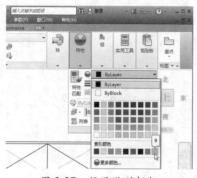

图 3-27　设置线型颜色

图 3-28　选择线型

Step 12 在"线型管理器"对话框中，选择加载的线型，单击"确定"按钮，关闭对话框。再次选中示意线，并在"特性"面板中，打开"线型"列表，选择加载的线型，如图3-29所示。

Step 13 右击更改后的示意线，在快捷菜单中选择"特性"选项，打开"特性"面板，设置线型比例，如图3-30所示。

图 3-29　选择加载线型

图 3-30　设置线型比例

Step 14 按照同样的操作方法，完成第二条示意线线型特性的更改操作，结果如图3-31所示。至此书柜平面图形绘制完毕。

图 3-31　书柜平面图形效果

3.3　绘制曲线

使用曲线绘图是最常用的绘图方式之一。在Auto CAD软件中，曲线功能主要包括圆弧、圆、椭圆和椭圆弧等。下面分别进行介绍。

3.3.1 绘制圆

圆形命令包含"圆""圆弧""椭圆"以及"圆环"等。用户可以通过以下方法执行"圆"命令。

- 执行"绘图"→"圆"命令的子命令。

- 在"默认"选项卡的"绘图"面板中单击"圆"下拉按钮，在展开的下拉菜单中显示了6种绘制圆的按钮，从中选择合适的即可。

- 在命令行中输入 C 命令后按回车键。

通过以上的方法，执行"圆"命令后，用户可以根据命令行的提示信息进行绘制。命令行提示如下：

```
命令：_CIRCLE
指定圆的圆心或 [三点(3P)/两点(2P)/切点、切点、半径(T)]：        (在绘图区中，指定圆心位置)
指定圆的半径或 [直径(D)] <86.6025>：200   (输入圆半径值，若输入"D"，按回车键后，可输入直径绘制)
```

绘制圆形有 6 种模式，分别为"圆心、半径""圆心、直径""两点""三点""相切、相切、半径"以及"相切、相切、相切"。

- 圆心、半径 ⊘：该模式是通过指定圆心位置和半径值进行绘制。该模式为默认模式。

- 圆心、直径 ⊘：该模式是通过指定圆心位置和直径值进行绘制。

- 两点 ◯：该模式是通过指定圆周上的任意两点进行绘制。

- 三点 ◯：该模式是通过指定圆周上的任意三点进行绘制。第一个点为圆的起点，第二个点为圆的直径点，第三个点为圆上的点。

- 相切、相切、半径 ⊘：该模式是通过先指定两个相切对象，然后指定半径值进行绘制。在使用该命令时所选的对象必须是圆或圆弧曲线，第一个点为第一组曲线上的相切点。

- 相切、相切、相切 ◯：该模式是过指定与已经存在的圆弧或圆对象相切的三个切点来绘制圆。先在第 1 个圆或圆弧上指定第 1 个切点，其后在第 2 个、第 3 个圆或圆弧上分别指定切点后即可完成创建。

绘图技巧

使用"相切、相切、半径"模式绘制圆形时，如果指定的半径太小，无法满足相切条件，则系统会提示该圆不存在。

3.3.2 绘制圆弧

圆弧是圆的一部分，绘制圆弧一般需要指定三个点，圆弧的起点、圆弧上的点和圆弧的端点。用户可以通过以下方法执行"圆弧"命令。

- 执行"绘图"→"圆弧"命令的子命令。

- 在"默认"选项卡的"绘图"面板中，单击"圆弧"下拉按钮，在展开的下拉菜单中选择合适方式。

执行"三点"命令后，用户可以根据命令行提示的信息绘制，命令行提示如下：

```
命令：_arc
指定圆弧的起点或 [圆心(C)]:                    （在绘图区中，指定圆弧起点）
指定圆弧的第二个点或 [圆心(C)/端点(E)]:        （指定圆弧上的点）
指定圆弧的端点：                              （指定圆弧端点即可）
```

用户可以使用多种模式绘制圆弧，其中包括"三点""起点、圆心、端点""起点、端点、角度""圆心、起点、端点"以及"连续"等，而"三点"模式为默认模式。

● 三点：该方式是通过指定三个点来创建一条圆弧曲线，第一个点为圆弧的起点，第二个点为圆弧上的点，第三个点为圆弧的端点。

● 起点、圆心、端点：该方式通过指定圆弧的起点和圆心进行绘制。使用该方法绘制圆弧还需要指定它的端点、角度或长度。

● 起点、端点、角度：该方式通过指定圆弧的起点和端点进行绘制。使用该方法绘制圆弧还需要指定圆弧的半径、角度或方向。

● 圆心、起点、端点：该方式通过指定圆弧的圆心和起点进行绘制。使用该方法绘制圆弧还需要指定它的端点、角度或长度。

● 连续：使用该方法绘制的圆弧将与最后一个创建的对象相切。

实战——绘制吧椅平面图形

本例将利用"圆""圆弧""直线"等命令绘制吧椅平面图。

Step 01 在命令行中输入"C（圆）"命令，在绘图区中指定圆心点，并输入半径值 250，如图 3-32 所示。

Step 02 按回车键，绘制完成半径为 250mm 的圆形。在命令行中输入"L（直线）"命令，捕捉圆形的两个象限点，绘制一条长 600mm 的直线，结果如图 3-33 所示。

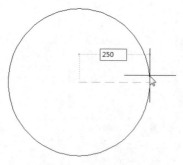

图 3-32　绘制半径为 250mm 的圆

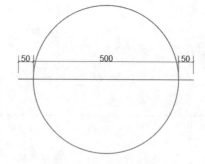

图 3-33　绘制直线段

Step 03 在"绘图"面板中单击"圆弧"下拉按钮，选择"起点，端点，角度"命令，根据命令行提示的信息，捕捉直线的两个端点，并输入角度 -180，如图 3-34 所示。

Step 04 按回车键，完成弧线的绘制，如图 3-35 所示。

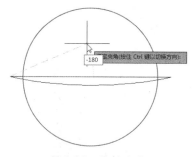

图 3-34　绘制弧线

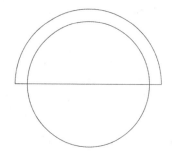

图 3-35　绘制结果

Step 05　删除直线。在命令行中输入"C（圆）"命令，捕捉弧线的一个端点。绘制半径为 50mm 的圆形，结果如图 3-36 所示。

Step 06　按照同样的操作，在圆弧的另一侧绘制半径为 50mm 的圆形，如图 3-37 所示。

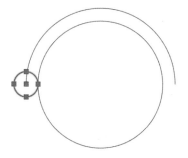

图 3-36　绘制第一个小圆形

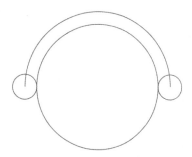

图 3-37　绘制第二个小圆形

Step 07　在"修改"面板中，单击"修剪"按钮，根据命令行提示的信息，先选中两个小圆形，按回车键，再选择两条多余的弧线，如图 3-38 所示。

Step 08　按回车键，完成图形的修剪操作。至此吧椅图形绘制完毕，结果如图 3-39 所示。

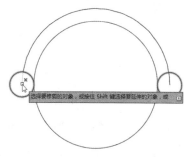

图 3-38　修剪图形

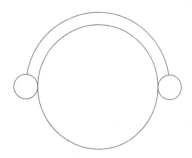

图 3-39　吧椅最终效果

3.3.3　绘制椭圆

　　椭圆有长半轴和短半轴之分，长半轴与短半轴的值决定了椭圆曲线的形状，用户通过设置椭圆的起始角度和终止角度可以绘制椭圆弧。用户可以通过以下方法执行"椭圆"命令。

- 执行"绘图"→"椭圆"命令下的"圆心"或"轴，端点"子命令。
- 在"默认"选项卡的"绘图"面板中，单击"椭圆"下拉按钮，在展开的下拉菜单中，选择"圆心"按钮 或"轴，端点"按钮 。

● 在命令行中输入 EL 命令后按回车键。

用户通过以上方法执行"圆心"命令后，可根据命令行的提示信息来绘制椭圆，如图 3-40、图 3-41、图 3-42 所示。命令行提示如下：

```
命令：_ellipse
指定椭圆的轴端点或 [圆弧(A)/中心点(C)]：_C
指定椭圆的中心点：                        (在绘图区中，指定椭圆中心点)
指定轴的端点：100                        (设置一条轴的长度，按回车键)
指定另一条半轴长度或 [旋转(R)]：50        (输入另一半轴的长度，按回车键完成绘制)
```

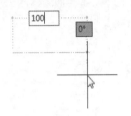

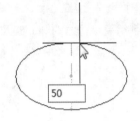
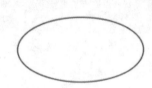

图 3-40　设置一条轴长度　　　　图 3-41　设置另一半轴长度　　　　图 3-42　完成绘制

椭圆的绘制模式有 3 种，分别为"圆心""轴、端点"和"椭圆弧"。其中"圆心"方式为系统默认的绘制椭圆的方式。

● 圆心：该模式是指定一个点作为椭圆曲线的圆心点，然后再分别指定椭圆曲线的长半轴长度和短半轴长度。

● 轴、端点：该模式是指定一个点作为椭圆曲线半轴的起点，指定第二个点为长半轴（或短半轴）的端点，指定第三个点为短半轴（或长半轴）的半径点。

● 椭圆弧：该模式的创建方法与"轴、端点"的创建方式相似。使用该方法创建的椭圆可以是完整的椭圆，也可以是其中的一段圆弧。

3.3.4　绘制圆环

圆环是由两个圆心相同、半径不同的圆组成的。圆环分为填充环和实体填充圆，即带有宽度的闭合多段线。绘制圆环时，应首先指定圆环的内径、外径，然后再指定圆环的中心点即可完成圆环的绘制。用户可通过以下方法执行"圆环"命令。

● 执行"绘图"→"圆环"命令。

● 在"默认"选项卡的"绘图"面板中，单击"圆环"按钮 。

● 在命令行输入 DO 命令后按回车键。

执行"圆环"命令后，用户可以根据命令行提示信息进行绘制，命令行提示如下：

```
命令：_donut
指定圆环的内径 <100.0000>：100           (输入圆环内径值，按回车键)
指定圆环的外径 <200.0000>：150           (输入圆环外径值，按回车键)
指定圆环的中心点或 <退出>：              (在绘图区中，指定圆环的位置)
```

3.3.5 绘制样条曲线

样条曲线是一种较为特别的线段。它是通过一系列指定点的光滑曲线，来绘制不规则的曲线图形，适用于表达各种具有不规则变化曲率半径的曲线。在 AutoCAD 中，用户可以通过以下方法执行"样条曲线"命令。

● 执行"绘图"→"样条曲线"命令下的子命令。

● 在"默认"选项卡的"绘图"面板中，单击"样条曲线拟合"按钮 或"样条曲线控制点"按钮。

● 在命令行中输入快捷命令 SPL 后按回车键。

执行"样条曲线"命令后，根据命令行提示，依次指定起点、中间点和终点即可绘制出样条曲线，结果如图 3-43 所示。

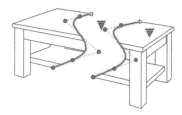

图 3-43　样条曲线

3.3.6 绘制修订云线

修订云线是由连续圆弧组成的多段线，在园林图纸中，常用该命令来绘制灌木丛、绿地等图形。在 AutoCAD 软件中，系统罗列了三种修订云线的样式，分别为矩形修订云线、多边形修订云线以及徒手画修订云线。用户可以根据绘图需要，选择相关的命令即可。

用户可以通过以下方法执行"修订云线"命令。

● 执行"绘图"→"修订云线"命令。

● 在"默认"选项卡的"绘图"面板中单击"矩形修订云线"按钮 。

● 在命令行中输入 REVCLOUD 命令后按回车键。

执行"修订云线"命令后，用户可以根据命令行提示信息进行绘制，命令行提示如下：

```
命令：_revcloud
最小弧长：0.5　最大弧长：0.5　样式：普通
指定起点或 [弧长(A)/对象(O)/样式(S)] <对象>：　　　　（指定云线起点，直到结束，按回车键）
```

命令行中主要选项的含义说明如下。

● 指定起点：是指在绘图区中指定线段起点，拖动鼠标绘制云线。

● 弧长：该选项用于指定云线的弧长范围。用户可以根据需要对云线的弧长进行设置。

● 对象：该选项用于选择某个封闭的图形对象，并将其转换成云线。

实战——绘制洗脸台盆平面图

本例将利用椭圆命令、圆形命令以及直线命令，绘制洗脸台盆平面图形。

Step 01 在"默认"选项卡的"绘图"面板中，单击"轴，端点"按钮 ，根据命令行提示，在绘图区中，指定两个轴端点的距离为 500mm，其后向上移动光标，指定另一条半轴的距离为 160mm，绘制椭圆形，如图 3-44 所示。

命令行提示如下：

```
命令：_ellipse
指定椭圆的轴端点或 [圆弧(A)/中心点(C)]：            （指定一个端点）
指定轴的另一个端点：500                            （输入500，指定第二个端点）
指定另一条半轴长度或 [旋转(R)]：160                （向上移动光标，指定半轴长度160，按回车键）
```

Step 02 在"绘图"面板中，单击"轴，端点"下拉按钮，选择"圆心"选项，根据命令行的提示信息，捕捉椭圆形的圆心，绘制大椭圆形，其参数如图 3-45 所示。

命令行提示如下：

```
命令：_ellipse
指定椭圆的轴端点或 [圆弧(A)/中心点(C)]：_c
指定椭圆的中心点：                                （捕捉小椭圆的圆心）
指定轴的端点：280                                （向右移动光标，输入半轴长度值280，按回车键）
指定另一条半轴长度或 [旋转(R)]：190                （向上移动光标，输入另一条半轴长度190，按回车键）
```

Step 03 执行"直线"命令，捕捉椭圆的圆心，向上移动光标，绘制 90mm 长的辅助线，如图 3-46 所示。

Step 04 继续执行"直线"命令，绘制一条长 413mm 的直线，并将其放置在辅助线上方的合适位置，结果如图 3-47 所示。

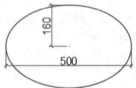  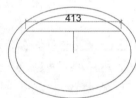

图 3-44　绘制小椭圆形　　图 3-45　绘制大椭圆形　　图 3-46　绘制辅助线　　图 3-47　绘制直线

Step 05 删除长 90mm 的辅助线。在"默认"选项卡的"修改"面板中，单击"修剪"按钮 -/--，根据命令行提示，先选择长 413mm 的直线，按回车键，再选择小椭圆形，完成图形修剪操作，结果如图 3-48 所示。

Step 06 在"绘图"面板中，单击"圆，半径"按钮，绘制两个半径为 25mm 的圆形，并放置在如图 3-49 所示的位置。

Step 07 继续执行"圆，半径"命令，捕捉椭圆的圆心，分别绘制半径为 20mm、17mm 以及 6mm 的同心圆，如图 3-50 所示。

Step 08 执行"直线"命令，绘制如图 3-51 所示的四边形，并将其放置在图形中的合适位置。执行"修剪"命令，修剪图形。至此，洗脸台盆平面图绘制完毕。

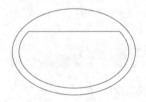 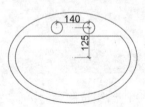 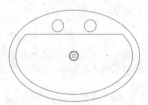 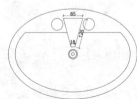

图 3-48　修剪图形　　图 3-49　绘制圆形　　图 3-50　绘制同心圆　　图 3-51　绘制并修剪四边形

3.4 绘制矩形和多边形

在绘制图形的过程中，用户需要经常绘制方形、多边形对象，如矩形、正方形及正多边形等。下面将分别对其绘制方法进行讲解。

3.4.1 绘制矩形

"矩形"命令是常用的命令之一，它可以通过两个角点来定义。用户可以通过以下方法执行"矩形"命令。

- 执行"绘图"→"矩形"命令。
- 在"默认"选项卡的"绘图"面板中单击"矩形"按钮□。
- 在命令行中输入 REC 命令后按回车键。

执行"矩形"命令后，用户可以根据命令行提示信息进行绘制，命令行提示如下：

命令：RECTANG
指定第一个角点或 [倒角(C)/标高(E)/圆角(F)/厚度(T)/宽度(W)]：（指定矩形一个角点，按回车键）
指定另一个角点或 [面积(A)/尺寸(D)/旋转(R)]：@200,300 （输入绝对符号@，并输入矩形长与宽值，按回车键）

命令行各选项说明如下。

- 倒角：使用该命令可以绘制一个带有倒角的矩形，这时必须指定两个倒角的距离。
- 标高：使用该命令可以指定矩形所在的平面高度。
- 圆角：使用该命令可以绘制一个带有圆角的矩形，这时需输入倒角半径。
- 厚度：使用该命令可以设置具有一定厚度的矩形。
- 宽度：使用该命令可以设置矩形的线宽。

知识拓展

执行"矩形"命令后，在命令行输入 C 并按回车键，选择倒角选项，然后输入倒角距离值，即可绘制出倒角矩形。如果在命令行中输入 F 后按回车键，选择"圆角"选项，然后设置圆角半径，即可绘制出圆角矩形。

绘制带圆角和倒角的矩形时，如果矩形的长度和宽度太小，而无法使用当前设置创建矩形时，那么绘制出来的矩形将不进行圆角或倒角。

实战——绘制双开门平面图

本例将利用"矩形"命令和"圆弧"命令，绘制双开门平面图形。

Step 01 在命令行中，输入"PL（多段线）"命令，绘制如图 3-52 所示的图形。

Step 02 在命令行中，输入"REC（矩形）"命令，绘制两个长 900mm、宽 40mm 的长方形，作为门图形放置在合适位置，如图 3-53 所示。

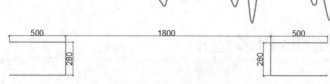

图 3-52　绘制门垛图形

命令行提示如下：

命令：RECTANC	（输入矩形快捷键，按回车键）
指定第一个角点或 [倒角(C)/标高(E)/圆角(F)/厚度(T)/宽度(W)]：	（指定矩形起始点位置）
指定另一个角点或 [面积(A)/尺寸(D)/旋转(R)]：@40,900	（输入矩形长、宽值）

Step 03 执行"直线"命令，绘制一条长 1800mm 的辅助线段，并放置在图形的合适位置，结果如图 3-54 所示。

图 3-53　绘制门图形　　　　　　　图 3-54　绘制辅助线

Step 04 在"绘图"面板中，单击"圆弧"命令，根据命令行提示，捕捉左侧矩形上方的两个端点，以及辅助线的中心点，绘制圆弧，如图 3-55 所示。

Step 05 按照同样的方法，绘制另一侧圆弧，结果如图 3-56 所示。

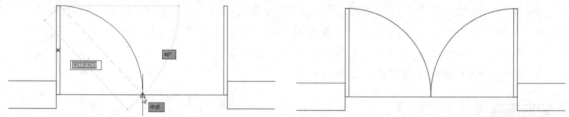
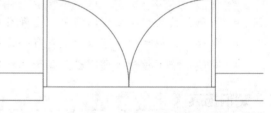

图 3-55　绘制一侧圆弧　　　　　　　图 3-56　绘制另一侧圆弧

Step 06 在"绘图"面板中，单击"样条曲线拟合"按钮，绘制两条样条曲线，并分别放置在门垛的合适位置。最后执行"直线"命令，完成两条折断线示意的绘制，如图 3-57 所示。至此，双开门平面图绘制完毕。

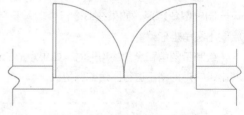

图 3-57　绘制门垛折断线示意

3.4.2　绘制正多边形

正多边形由多条边长相等的闭合线段组合而成。各边相等，各角也相等的多边形称为正多边形。在默认情况下，正多边形的边数为 4。

用户可以通过以下方法绘制出任意条边的正多边形图形，如图 3-58、图 3-59 所示。

- 执行"绘图"→"多边形"命令。
- 在"默认"选项卡的"绘图"面板中，单击"多边形"按钮⬠。

● 在命令行中输入 POL 命令后按回车键。

执行"多边形"命令后，用户可以根据命令行提示信息进行绘制，命令行提示如下：

命令：_polygon 输入侧面数 <4>:5	（输入多边形的边数，按回车键）
指定正多边形的中心点或 [边(E)]:	（在绘图区中，指定多边形中心点）
输入选项 [内接于圆(I)/外切于圆(C)] <I>: I	（选择内接或外接圆选项）
指定圆的半径：300	（输入圆半径值，按回车键完成）

图 3-58　外接圆的五边形

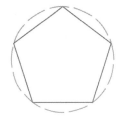

图 3-59　内接圆的五边形

综合演练　绘制带柜茶几图形

实例路径：实例 \CH03\ 综合演练 \ 绘制带柜茶几图形 .dwg

视频路径：视频 \CH03\ 绘制带柜茶几图形 .avi

在学习本章知识内容后，下面将通过具体案例练习来巩固所学的知识。本实例主要运用的命令为多段线和矩形。

Step 01 在命令行中输入"PL（多段线）"命令，根据命令行中的提示信息，绘制茶几轮廓线，结果如图 3-60 所示。

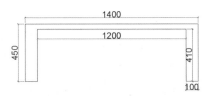

图 3-60　绘制茶几轮廓线

Step 02 在命令行中输入"REC（矩形）"命令，在图形的合适位置绘制长 480mm、宽 310mm 的长方形，如图 3-61 所示。

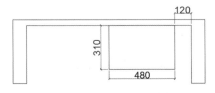

图 3-61　绘制抽屉轮廓线

Step 03 在命令行中输入"L（直线）"命令，绘制茶几隔断线，如图 3-62 所示。

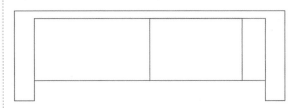

图 3-62　绘制隔断线

Step 04 在"修改"面板中单击"偏移"按钮，根据命令行提示，先输入偏移距离为 40，按回车键，然后选中茶几隔断线，将光标向上移动并单击，完成偏移操作，如图 3-63 所示。

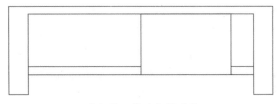

图 3-63　偏移复制线段

命令行提示如下：

```
命令：_offset
当前设置：删除源=否  图层=源  OFFSETGAPTYPE=0
指定偏移距离或 [通过(T)/删除(E)/图层(L)] <40.0000>:40      （输入偏移距离值40，按回车键）
选择要偏移的对象，或 [退出(E)/放弃(U)] <退出>:         （选择茶几隔断线）
指定要偏移的那一侧上的点，或 [退出(E)/多个(M)/放弃(U)] <退出>:（向上移动光标，并指定偏移方向）
选择要偏移的对象，或 [退出(E)/放弃(U)] <退出>:         （按回车键，结束操作）
```

Step 05 在命令行中输入"REC（矩形）"命令，根据命令行中的提示，绘制长465mm、宽140mm的圆角长方形，圆角半径值为20mm，然后将其放置在图形的合适位置，结果如图 3-64 所示。

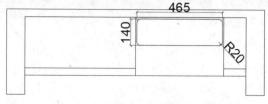

图 3-64 绘制抽屉面板

命令行提示如下：

```
命令：RECTANG                              （输入矩形快捷键命令）
指定第一个角点或 [倒角(C)/标高(E)/圆角(F)/厚度(T)/宽度(W)]: f（输入"F"，选择"圆角"选项）
指定矩形的圆角半径 <0.0000>: 20              （输入圆角半径值20，按回车键）
指定第一个角点或 [倒角(C)/标高(E)/圆角(F)/厚度(T)/宽度(W)]:  （指定矩形起点）
指定另一个角点或 [面积(A)/尺寸(D)/旋转(R)]: @465,140    （输入矩形长、宽值，按回车键）
```

Step 06 在"默认"选项卡的"修改"面板中，单击"复制"按钮，根据命令行提示，将绘制好的圆角长方形进行复制操作，结果如图 3-65 所示。

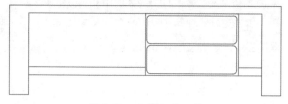

图 3-65 复制抽屉面板

命令行提示如下：

```
命令：_copy
选择对象：找到 1 个                        （选择圆角长方形）
选择对象：                                （按回车键）
当前设置：复制模式 = 多个
指定基点或 [位移(D)/模式(O)] <位移>:        （捕捉圆角长方形上方边线中点）
指定第二个点或 [阵列(A)] <使用第一个点作为位移>:（指定大矩形中心点）
指定第二个点或 [阵列(A)/退出(E)/放弃(U)] <退出>:（按回车键，结束复制操作）
```

Step 07 继续执行"矩形"命令，绘制长 200mm、宽 10mm 的长方形，将其放置在圆角矩形的合适位置，作为抽屉拉手。然后执行"复制"命令，将其复制到第二个圆角矩形的合适位置，结果如图 3-66 所示。至此，带柜茶几图形绘制完毕。

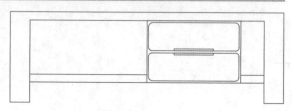

图 3-66 带柜茶几图形

上机操作

为了让读者能够更好地掌握本章所学习到的知识，下面将列举两个操作题来对本章内容进行巩固。

1. 绘制马桶平面图形

利用"矩形""椭圆"和"直线"命令，根据如图 3-67 所示的尺寸，绘制马桶平面图。

⚠ **操作提示：**

Step 01 执行"矩形"命令，绘制长方形，作为马桶水箱。

Step 02 执行"椭圆"命令，绘制两个椭圆形，作为马桶盖板。

Step 03 执行"直线"命令，绘制两条水箱与盖板连接线段。

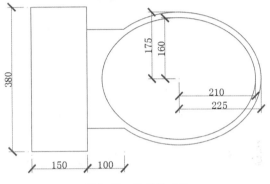

图 3-67　马桶平面图

2. 绘制单人床平面图形

利用"矩形""弧线"和"圆"命令，绘制单人床平面图，尺寸如图 3-68 所示。

⚠ **操作提示：**

Step 01 执行"矩形"命令，绘制尺寸为 900mm×1900mm 的长方形，作为床轮廓。

Step 02 继续执行"矩形"命令，绘制尺寸为 300mm×600mm，半径为 50mm 的圆角矩形，作为枕头图形。

Step 03 执行"直线"和"弧线"命令，绘制被单轮廓线。

Step 04 执行"圆"命令，绘制被单花纹图形。

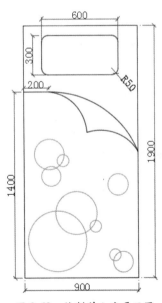

图 3-68　绘制单人床平面图

第4章

编辑家具二维图形

二维图形绘制完成后，还需要对所绘制的图形进行编辑和修改。AutoCAD 软件提供了多种编辑命令，包括复制、分解、镜像、旋转、阵列、偏移以及修剪等。本章将详细介绍这些编辑命令的使用方法及应用技巧。

知识要点

▲ 复制移动图形的方法　　　　▲ 图形图案填充的方法

▲ 修改图形的方法　　　　　　▲ 编辑复杂图形

4.1 复制移动图形对象

若想快速绘制多个图形，可以使用复制、偏移、镜像、阵列等命令进行绘制。灵活运用这些命令，可以提高绘图效率。

4.1.1 复制图形

复制对象就是将原对象保留，移动原对象的副本图形，复制后的对象将继承原对象的属性。在 AutoCAD 中既可以单个复制，也可以根据需要进行连续复制，如图 4-1、图 4-2、图 4-3 所示。

用户可以通过以下方法执行"复制"命令。

● 执行"修改"→"复制"命令。

● 在"默认"选项卡的"修改"面板中，单击"复制"按钮🗐。

● 在命令行中输入 CO 命令后按回车键。

执行"复制"命令后，选择所需复制的图形，并指定好复制基点，然后指定新位置，按回车键完成操作。命令行提示如下：

```
命令：_copy
选择对象：指定对角点：找到 1 个
```

选择对象：   （选择所需复制图形）
当前设置：复制模式 = 多个
指定基点或 [位移(D)/模式(O)] <位移>：   （指定复制基点）
指定第二个点或 [阵列(A)] <使用第一个点作为位移>：   （指定新位置，按回车键完成）
指定第二个点或 [阵列(A)/退出(E)/放弃(U)] <退出>：*取消*

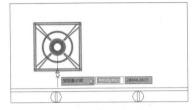
图 4-1 选择复制基点

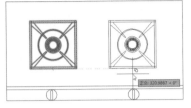
图 4-2 指定新位置

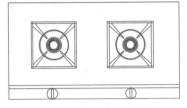
图 4-3 完成复制操作

4.1.2 偏移图形

使用偏移命令可以根据指定的距离或指定的某个特殊点，创建一个与选定对象类似的新对象，并将偏移的对象放置在与原对象有一定距离的位置上，同时保留原对象。偏移的对象可以为直线、圆弧、圆、椭圆、椭圆弧、二维多段线、构造线、射线和样条曲线组成的对象。

用户可以通过以下方法执行"偏移"命令。

● 在菜单栏中，执行"修改"→"偏移"命令。

● 在"默认"选项卡的"修改"面板中，单击"偏移"按钮 ⌷。

● 在命令行中输入 O 命令后按回车键。

执行"偏移"命令后，要首先在命令行中，输入偏移距离，然后选中要偏移的线段，最后移动光标指定偏移方向即可完成偏移操作，如图 4-4、图 4-5、图 4-6 所示。

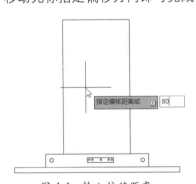
图 4-4 输入偏移距离

图 4-5 选择要偏移的线段

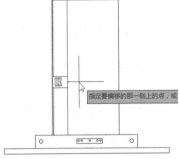
图 4-6 指定偏移方向

命令行提示如下：

命令：OFFSET
当前设置：删除源=否 图层=源 OFFSETGAPTYPE=0
指定偏移距离或 [通过(T)/删除(E)/图层(L)] <通过>：80   （输入偏移距离）
选择要偏移的对象，或 [退出(E)/放弃(U)] <退出>：   （选择偏移对象）
指定要偏移的那一侧上的点，或 [退出(E)/多个(M)/放弃(U)] <退出>： （指定偏移方向上的一点）

选择要偏移的对象，或 [退出(E)/放弃(U)] <退出>： *取消*

绘图技巧

　　使用偏移命令时，如果偏移的对象是直线，则偏移后的直线大小不变；如果偏移的对象是圆、圆弧和矩形，其偏移后的对象将被缩小或放大。

4.1.3　镜像图形

　　镜像图形是指将选择的图形以两个点为镜像中心进行对称复制。在进行镜像操作时，用户需要指定镜像轴线，并根据需要选择是否删除或保留原对象。灵活运用镜像命令，可以在很大程度上避免重复操作。

　　用户可以通过以下方法执行"镜像"命令。

- 执行"修改"→"镜像"命令。
- 在"默认"选项卡的"修改"面板中单击"镜像"按钮。
- 在命令行中输入 MI 命令后按回车键。

　　执行"镜像"命令后，根据命令提示信息，先选择所需图形对象，然后指定镜像轴线，并确定是否删除原图形对象，最后按回车键，即可完成镜像操作。命令行提示如下：

```
命令: _mirror
选择对象：指定对角点：找到 9 个                    （选中需要镜像的图形）
选择对象： 指定镜像线的第一点：指定镜像线的第二点：    （指定镜像轴的起点和终点）
要删除源对象吗？[是(Y)/否(N)] <N>:               （选择是否删除原对象）
```

实战——镜像沙发图形

　　下面利用镜像命令，对沙发图形进行镜像复制操作。

Step 01 打开"沙发组合"素材文件，在"修改"面板中单击"镜像"按钮，根据命令行的提示信息，选中左侧单人沙发图形和台灯图形，如图 4-7 所示。

Step 02 按回车键，指定茶几上下两条边线的中点，作为镜像轴的起点与端点，如图 4-8 所示。

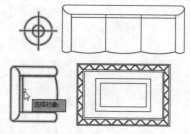
图 4-7　选择镜像图形

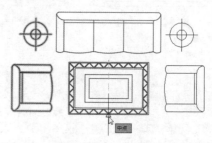
图 4-8　指定镜像轴的起点与端点

Step 03 按回车键，打开快捷列表，选择"否"选项，如图 4-9 所示。

Step 04 选择完成后，完成沙发镜像操作，结果如图 4-10 所示。

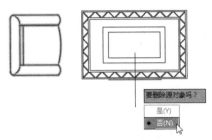

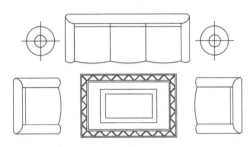

图 4-9　选择是否删除源对象　　　　　　　　图 4-10　完成镜像操作

4.1.4　阵列图形

"阵列"命令是一种有规则的复制命令，可以创建按指定方式排列的多个图形副本。如果用户遇到一些按规则分布的图形时，就可以使用该命令来解决。AutoCAD 软件提供了三种阵列选项，分别为矩形阵列、环形阵列以及路径阵列。

用户可以通过以下方法执行"阵列"命令。

● 执行"修改"→"阵列"→"矩形阵列、路径阵列、环形阵列"命令。

● 在"默认"选项卡的"修改"面板中，单击"阵列"下拉按钮，在下拉列表中选择所需的阵列方式。

● 在命令行中输入 AR 命令后按回车键。

1．矩形阵列

矩形阵列是通过设置行数、列数、行偏移和列偏移来对选择的对象进行复制。在执行"矩形阵列"命令后，系统将自动生成 3 行 4 列的阵列形状。用户只需在"阵列"选项卡中，根据需要对"列数""行数"以及间距值等一些相关参数进行设置即可，如图 4-11、图 4-12、图 4-13 所示。

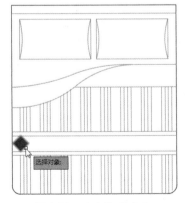

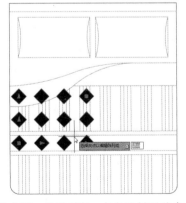

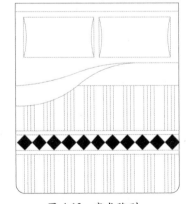

图 4-11　选中阵列对象　　　图 4-12　设置列数、行数及间距值参数　　　图 4-13　完成阵列

执行"矩形阵列"命令后，在"阵列"选项卡中，用户可以对阵列后的图形进行编辑修改，如图 4-14 所示。

图 4-14　矩形阵列选项卡

2. 环形阵列

　　环形阵列是指阵列后的图形呈环形。使用环形阵列时也需要设定有关参数，其中包括中心点、方法、项目总数和填充角度。与矩形阵列相比，环形阵列创建出的阵列效果更灵活。

　　执行"环形阵列"命令后，系统默认阵列数为 6，用户可以根据需求更改其参数，如图 4-15、图 4-16、图 4-17 所示。

图 4-15　选择阵列对象

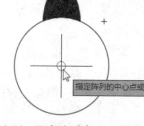

图 4-16　指定阵列中心及阵列参数

图 4-17　完成环形阵列

　　执行完"环形阵列"命令后，选中阵列的图形，同样会打开"阵列"选项卡。在该选项卡中，用户同样可对阵列后的图形进行编辑，如图 4-18 所示。

图 4-18　环形阵列选项卡

3. 路径阵列

　　路径阵列是根据所指定的路径进行阵列，例如曲线、弧线、折线等所有开放型线段。执行"路径阵列"命令后，要先选择所要阵列的图形对象，然后选择路径曲线，并输入阵列数目即可完成路径阵列操作，如图 4-19、图 4-20 所示。

图 4-19　阵列前效果

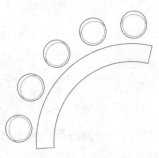

图 4-20　阵列后效果

同样，在执行"路径阵列"命令后，系统也会打开"阵列"选项卡。该选项卡与其他阵列命令的选项卡相似，都可对阵列后的图形进行编辑操作，如图 4-21 所示。

图 4-21　路径阵列选项卡

4.1.5　移动图形

移动图形是指在不改变对象的方向和大小的情况下，按照指定的角度和方向进行移动操作。用户可以通过以下方法执行"移动"命令，如图 4-22、图 4-23 所示。

- 执行"修改"→"移动"命令。
- 在"默认"选项卡的"修改"面板中，单击"移动"按钮✥。
- 在命令行中输入 M 命令后按回车键。

利用上述任意一种方式，都可以启动移动命令，用户可以根据命令行提示的信息进行操作。

命令行提示如下：

```
命令：m
MOVE 找到 1 个                                （选择所需移动对象）
指定基点或 [位移(D)] <位移>：                  （指定移动基点）
指定第二个点或 <使用第一个点作为位移>：        （指定新位置点或输入移动距离值即可）
```

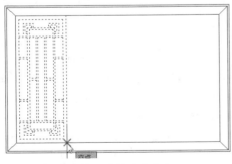
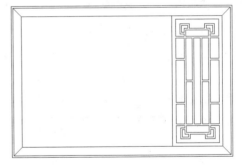

图 4-22　选择移动基点　　　　　　　　　　图 4-23　移动结果

4.1.6　旋转图形

旋转对象是将图形对象按照指定的旋转基点进行旋转。用户可以通过以下方法执行"旋转"命令，如图 4-24、图 4-25 所示。

- 执行"修改"→"旋转"命令。
- 在"默认"选项卡的"修改"面板中，单击"旋转"按钮○。
- 在命令行中输入 RO 命令后按回车键。

利用上述任意一种方式，都可以启动旋转命令，用户可以根据命令行提示的信息进行操作。命令行提示如下：

```
命令：_rotate
UCS 当前的正角方向：ANGDIR=逆时针 ANGBASE=0
选择对象：指定对角点：找到 1 个
选择对象：                                    （选中图形对象）
指定基点：                                    （指定旋转基点）
指定旋转角度，或 [复制(C)/参照(R)] <0>：90        （输入旋转角度）
```

绘图技巧

在对图形进行旋转操作时，如果在命令行中输入 C，然后按回车键，就可以同时对旋转的图形进行复制。

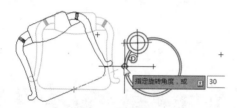

图 4-24　指定旋转角度

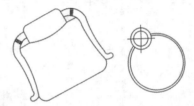

图 4-25　旋转效果

实战——绘制圆餐桌平面图

本例将利用"环形阵列"和"偏移"命令，绘制圆形餐桌平面图形。

Step 01 在命令行中输入"C（圆）"命令，绘制半径为 500mm 的圆形，如图 4-26 所示。

Step 02 在命令行中输入"O（偏移）"命令，设置偏移距离为 80mm，选中圆形，并在圆内指定一点为偏移方向，完成偏移操作，结果如图 4-27 所示。

Step 03 选中偏移后的圆形，在"特性"面板中设置圆形的颜色，如图 4-28 所示。

图 4-26　绘制半径为 500mm 的圆

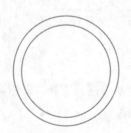

图 4-27　偏移圆形

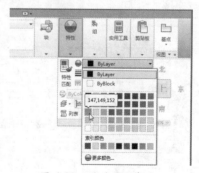

图 4-28　更改圆形颜色

Step 04 在命令行中输入"REC（矩形）"命令，绘制长 450mm、宽 420mm 的长方形，再执行"圆弧"

命令，捕捉长方形三条边的中点，绘制圆弧，结果如图 4-29 所示。

Step 05 在"修改"面板中，单击"修剪"按钮，先选择圆弧，按回车键，再选中长方形的多余线段，完成座椅图形的绘制，结果如图 4-30 所示。

Step 06 在命令行中，输入"O（偏移）"命令，将圆弧向内偏移 60mm，如图 4-31 所示。选中圆弧，将光标移至圆弧的两端夹点上，拖动该夹点至满意位置，可调整圆弧形状，如图 4-32 所示。

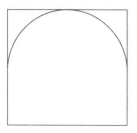  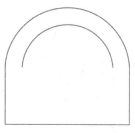 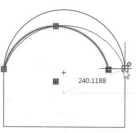

图 4-29 绘制长方形和圆弧　图 4-30 绘制座椅轮廓线　　　图 4-31 偏移圆弧　　　图 4-32 调整圆弧形状

Step 07 选中调整后的弧线，在"特性"面板中设置颜色，结果如图 4-33 所示。

Step 08 在命令行中，输入"M（移动）"命令，根据命令行的提示信息，选中座椅图形，并指定座椅中心点为移动基点，将其移动至合适的位置，如图 4-34 所示。

Step 09 执行"环形阵列"命令，选中座椅图形，按回车键，指定餐桌中心点为阵列点，并输入项目数为 5，按回车键完成座椅环形阵列操作，如图 4-35 所示。至此，圆形餐桌平面图绘制完毕。

 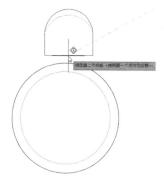 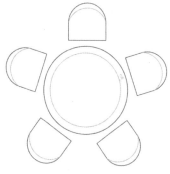

图 4-33 设置弧线的颜色　　　　图 4-34 移动座椅　　　　　图 4-35 阵列座椅

4.2 修改图形对象

在图形绘制完毕后，有时会根据需要对图形进行修改。AutoCAD 软件提供了多种图形修改命令，包括"倒角""倒圆角""分解""合并"以及"打断"等。下面介绍这些修改命令的操作。

4.2.1 图形倒角

倒角命令可将两个图形对象以平角或倒角的方式进行连接。在实际的图形绘制中，通过倒角命令可以对直角或锐角进行倒角处理。用户可通过以下方法来执行"倒角"命令。

- 执行菜单栏中的"修改"→"倒角"命令。
- 在"默认"选项卡的"修改"面板中，单击"倒角"按钮 。
- 在命令行中输入 CHA 命令后按回车键。

利用上述任意一种方式，都可启动"倒角"命令，然后用户可以根据命令行提示的信息进行操作，结果如图 4-36、图 4-37 所示。

命令行提示如下：

```
命令: _chamfer
（"修剪"模式）当前倒角距离 1 = 0.0000，距离 2 = 0.0000
选择第一条直线或 [放弃(U)/多段线(P)/距离(D)/角度(A)/修剪(T)/方式(E)/多个(M)]: d（选择
"距离"选项）
指定 第一个 倒角距离 <0.0000>: 200                    （输入第一条倒角距离值）
指定 第二个 倒角距离 <50.0000>: 200                   （输入第二条倒角距离值）
选择第一条直线或 [放弃(U)/多段线(P)/距离(D)/角度(A)/修剪(T)/方式(E)/多个(M)]:
选择第二条直线，或按住 Shift 键选择直线以应用角点或 [距离(D)/角度(A)/方法(M)]:    （选择两
条倒角边）
```

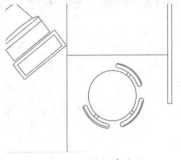

图 4-36　倒角前效果

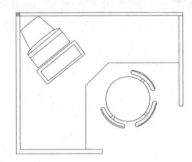

图 4-37　倒角后效果

4.2.2　图形倒圆角

圆角命令可将指定半径的圆弧与对象相切来连接两个对象。用户可以通过以下方法来执行倒圆角命令。

- 执行菜单栏中的"修改"→"倒圆角"命令。
- 在"默认"选项卡的"修改"面板中，单击"圆角"按钮 。
- 在命令行中输入 F 命令后按回车键。

利用上述任意一种方式，都可以启动"圆角"命令，然后用户可以根据命令行提示的信息进行操作，如图 4-38、图 4-39 所示。命令行提示如下：

```
命令: _FILLET
当前设置：模式 = 修剪，半径 = 0.0000
选择第一个对象或 [放弃(U)/多段线(P)/半径(R)/修剪(T)/多个(M)]: r   （选择"半径"选项）
指定圆角半径 <0.0000>: 300                              （输入圆角半径值）
选择第一个对象或 [放弃(U)/多段线(P)/半径(R)/修剪(T)/多个(M)]:   （选择两条倒角边，回车即可）
选择第二个对象，或按住 Shift 键选择对象以应用角点或 [半径(R)]:
```

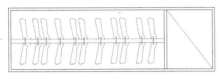

图 4-38　倒圆角前效果

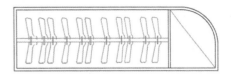

图 4-39　圆角半径为 300mm 的效果

4.2.3　分解图形

分解对象是将多段线、面域或块对象分解成独立的线段。用户可以通过以下方法执行"分解"命令。

- 执行菜单栏上的"修改"→"分解"命令。
- 在"默认"选项卡的"修改"面板中，单击"分解"按钮📷。
- 在命令行中输入 X 命令后按回车键。

利用上述任意一种方式，都可以启动"分解"命令，然后用户可以根据命令行提示的信息进行操作，如图 4-40、图 4-41 所示。命令行提示如下：

图 4-40　分解前效果

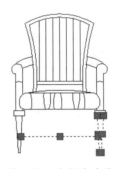

图 4-41　分解后效果

```
命令：_explode
选择对象：指定对角点：找到 1 个                    （选择所要分解的图形）
选择对象：                                       （按回车键即可完成）
```

4.2.4　合并图形

合并对象是将相似的对象合并为一个对象，例如将两条断开的直线合并成一条线段，则可使用"合并"命令。但合并的对象必须位于相同的平面上。合并的对象可以为圆弧、椭圆弧、直线、多段线和样条曲线。在"默认"选项卡的"修改"面板中，单击"合并"按钮 ⟶｜，根据命令行提示，选中所需合并的线段，按回车键即可完成合并操作。

命令行提示如下：

```
命令：_join
选择源对象或要一次合并的多个对象：找到 1 个
选择要合并的对象：找到 1 个，总计 2 个           （选择所需合并的图形对象）
选择要合并的对象：                              （按回车键，完成合并）
2 条直线已合并为 1 条直线
```

绘图技巧

合并两条或多条圆弧时，将从源对象开始沿逆时针方向合并圆弧。合并直线时，要合并的所有直线必须共线，即位于同一无限长的直线上；合并多个线段时，其对象可以是直线、多段线或圆弧，但各对象之间不能有间隙，而且必须位于同一平面上。

4.2.5 修剪图形

修剪命令则是将超过修剪边的线段修剪掉。用户可以通过以下方法执行"修剪"命令。

● 执行菜单栏中的"修改"→"修剪"命令。

● 在"默认"选项卡的"修改"面板中，单击"修剪"按钮 ✂。

● 在命令行中输入 TR 命令后按回车键。

利用上述任意一种方式，都可以启动"修剪"命令，然后用户可以根据命令行提示的信息进行操作，如图 4-42、图 4-43 所示。命令行提示内容如下：

```
命令: _trim
当前设置:投影=UCS，边=无
选择剪切边...
选择对象或 <全部选择>: 找到 1 个                    (选择修剪边线，按回车键)
选择对象:
选择要修剪的对象，或按住 Shift 键选择要延伸的对象，或
[栏选(F)/窗交(C)/投影(P)/边(E)/删除(R)/放弃(U)]:       (选择要修剪的线段)
```

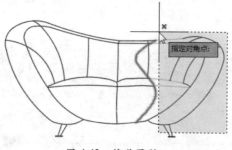

图 4-42 修剪图形

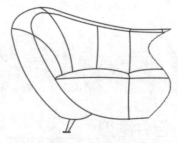

图 4-43 修剪效果

实战——绘制圆凳立面图

本例将利用矩形、倒圆角、修剪、偏移和镜像命令，绘制圆凳立面图。

Step 01 执行"矩形"命令，绘制长 460mm、宽 450mm 的矩形，如图 4-44 所示。

Step 02 执行"分解"命令，将矩形进行分解。执行"偏移"命令，将矩形左、右和上边线向内偏移 20mm，如图 4-45 所示。

Step 03 执行"直线"命令，绘制矩形垂直中线。执行"偏移"命令，将中线向两侧各偏移 25mm，如图 4-46 所示。

图 4-44　绘制矩形

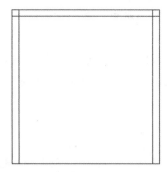

图 4-45　偏移矩形边线

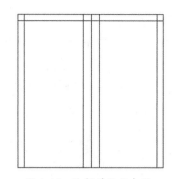

图 4-46　绘制并偏移中线

Step 04 执行"倒圆角"命令，将圆角半径设置为 50mm，将矩形的两条边线进行倒圆角，如图 4-47 所示。

Step 05 再次执行"倒圆角"命令，将偏移的矩形边进行倒圆角，结果如图 4-48 所示。

Step 06 执行"修剪"命令，选择偏移后的两条中线，按回车键，选择两条中线中的水平线，完成修剪操作，如图 4-49 所示。

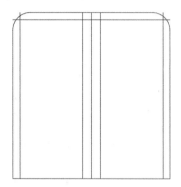
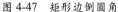

图 4-47　矩形边倒圆角

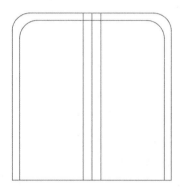

图 4-48　偏移矩形边倒圆角

图 4-49　修剪线段

Step 07 删除矩形中线。再次执行"修剪"命令，按两次回车键，然后选择矩形要剪掉的底边线，完成圆凳脚的绘制，如图 4-50 所示。

Step 08 执行"多段线"命令，指定矩形上边线左侧端点为起点，向上移动鼠标并输入 20，按回车键，然后向右移动鼠标，输入 350，按回车键，最后向下移动鼠标，输入 20，完成多段线的绘制，如图 4-51 所示。

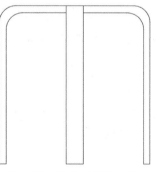

图 4-50　修剪矩形底边线

图 4-51　绘制多段线

4.2.6　打断图形

打断命令可将直线、多段线、圆弧或样条曲线等图形分为两个图形对象，或将其中一部分删除。用户可以通过以下方法执行"打断"命令。

● 执行菜单栏中的"修改"→"打断"命令。

- 在"默认"选项卡的"修改"面板中，单击该面板的下拉按钮，选择"打断"命令 🗂。
- 在命令行中输入 BR 命令后按回车键。

利用上述任意一种方式，都可以启动"打断"命令，然后用户可以根据命令行提示，选择一条要打断的线段，并选择两点作为打断点，完成打断操作，如图 4-52、图 4-53 所示。

命令行提示如下：

```
命令：_break
选择对象：                                    （选择打断对象）
指定第二个打断点 或 [第一点(F)]：             （指定打断点，完成操作）
```

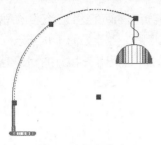
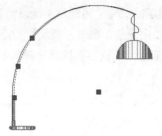

图 4-52　打断前效果　　　　　　　　　图 4-53　打断后效果

4.2.7　延伸图形

延伸命令是将指定的图形对象延伸到指定的边界。用户可以通过下列方法执行"延伸"命令。

- 执行菜单栏上的"修改"→"延伸"命令。
- 在"默认"选项卡的"修改"面板中，单击"修剪"下拉按钮，选择"延伸"选项 --| 即可。
- 在命令行中输入 EX 命令后按回车键。

利用上述任意一种方式，都可以启动"延伸"命令，然后用户可以根据命令行提示，选择所需延伸到的边界线，按回车键，然后选择要延伸的线段即可，如图 4-54、图 4-55、图 4-56 所示。

图 4-54　选择要延长到的边界线　　　图 4-55　选择延伸线段　　　图 4-56　完成延伸操作

命令行提示如下：

```
命令：_extend
当前设置：投影=UCS，边=无
选择边界的边...
```

选择对象或 <全部选择>: 找到 1 个
选择对象: 找到 1 个, 总计 2 个　　　　　　　　　　　（选择所需延长到的线段, 按回车键）
选择对象:
选择要延伸的对象, 或按住 Shift 键选择要修剪的对象, 或[栏选(F)/窗交(C)/投影(P)/边(E)/放弃(U)]:
（选择要延长的线段）

4.2.8　拉伸图形

　　拉伸是将对象沿指定的方向和距离进行延伸, 拉伸后的对象与原对象是一个整体, 只是长度会发生改变。在"默认"选项卡的"修改"面板中, 单击"拉伸"按钮, 根据命令行提示, 选择要拉伸的图形对象, 指定拉伸基点, 输入拉伸距离或指定新基点即可完成拉伸操作, 如图 4-57、图 4-58、图 4-59 所示。

　　命令行提示如下:

命令: _stretch
以交叉窗口或交叉多边形选择要拉伸的对象...
选择对象: 指定对角点: 找到 45 个　　　　　　　　（选择所需拉伸的图形, 使用窗交方式选择）
选择对象:
指定基点或 [位移(D)] <位移>:　　　　　　　　　（指定拉伸基点）
指定第二个点或 <使用第一个点作为位移>:　　　　（指定拉伸新基点）

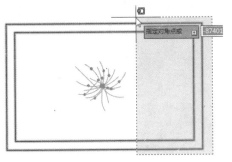　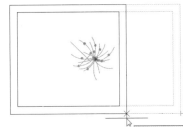　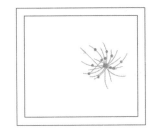

　　图 4-57　窗交选择图形　　　　　图 4-58　指定拉伸基点　　　　　图 4-59　指定新基点

知识拓展

　　在进行拉伸操作时, 矩形和块图形是不能被拉伸的。如要进行拉伸, 则需将其先分解再拉伸。在选择拉伸图形时, 通常需要执行窗交方式来选取图形。

实战——绘制座椅平面图

　　本实例将运用"倒圆角""镜像"等命令, 绘制办公座椅平面图形。

Step 01　在命令行中, 输入"REC（矩形）"命令, 绘制一个长 600mm、宽 500mm、圆角半径为 100mm 的圆角长方形, 如图 4-60 所示。

命令行提示如下：

命令：RECTANG　　　　　　　　　　　　　　　　　（输入矩形快捷命令，按回车键）
当前矩形模式：　圆角=50.0000
指定第一个角点或 [倒角(C)/标高(E)/圆角(F)/厚度(T)/宽度(W)]：f　　　（输入F，选择"圆角"选项，按回车键）
指定矩形的圆角半径 <50.0000>：100　　　　　　　（输入圆角半径值，按回车键）
指定第一个角点或 [倒角(C)/标高(E)/圆角(F)/厚度(T)/宽度(W)]：　　　　（指定矩形起点）
指定另一个角点或 [面积(A)/尺寸(D)/旋转(R)]：@600,500　　（输入长、宽值，按回车键完成）

Step 02 再次执行"矩形"命令，绘制一个长 350mm、宽 100mm、圆角半径为 30mm 的长方形作为座椅扶手，如图 4-61 所示。

Step 03 在命令行中输入"MI（镜像）"命令，选中扶手图形，按回车键，指定坐垫的上、下两个中心点为镜像轴，进行镜像复制操作，如图 4-62、图 4-63 所示。

Step 04 执行"矩形"命令，绘制一个长 600mm、宽 150mm 的长方形作为椅背图形，放置图形的合适位置，结果如图 4-64 所示。

Step 05 在命令行中输入"F（倒圆角）"命令，根据命令行提示的信息，将椅背进行倒圆角操作，圆角半径为 50mm，结果如图 4-65 所示。

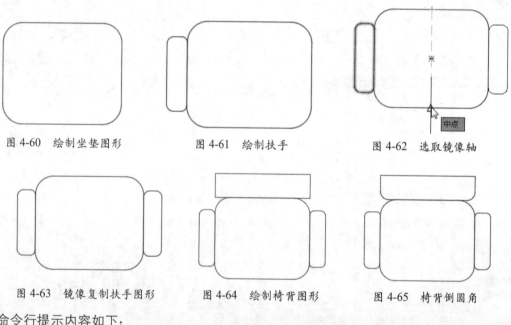

图 4-60　绘制坐垫图形　　　　图 4-61　绘制扶手　　　　图 4-62　选取镜像轴

图 4-63　镜像复制扶手图形　　　图 4-64　绘制椅背图形　　　图 4-65　椅背倒圆角

命令行提示内容如下：

命令：FILLET　　　　　　　　　　　　　　　　（输入"倒圆角"快捷命令，按回车键）
当前设置：模式 = 修剪，半径 = 0.0000
选择第一个对象或 [放弃(U)/多段线(P)/半径(R)/修剪(T)/多个(M)]：r　　（输入R，选择"半径"选项，按回车键）
指定圆角半径 <0.0000>：50　　　　　　　　　　（输入半径值50，按回车键）
选择第一个对象或 [放弃(U)/多段线(P)/半径(R)/修剪(T)/多个(M)]：
选择第二个对象，或按住 Shift 键选择对象以应用角点或 [半径(R)]：（选择两条倒圆角边，完成操作）

Step 06 再次执行"倒圆角"命令，将圆角半径设置为 30mm，将椅背的另一侧线段进行倒圆角操作，结果如图 4-66 所示。

Step 07 执行"矩形"命令，绘制一个长 100mm、宽 15mm 的长方形，放置在椅背的后面，结果如图 4-67 所示。至此，座椅平面图绘制完毕。

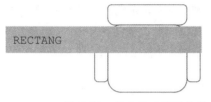

图 4-66　完成椅背倒圆角操作　　　　　　图 4-67　完成效果

4.2.9　缩放图形

比例缩放是将选择的对象按照一定的比例进行放大或缩小。用户可以通过以下方法执行"缩放"命令，如图 4-68、图 4-69 所示。

● 执行"修改"→"缩放"命令。
● 在"默认"选项卡的"修改"面板中，单击"缩放"按钮🔲。
● 在命令行中输入快捷命令 SC 后按回车键。

执行"缩放"命令后，先选择所需图形，然后指定缩放的基点，按回车键，输入缩放比例，最后按回车键完成缩放操作。命令行提示如下：

```
命令: _scale
选择对象：指定对角点：找到 1 个                    （选择对象）
选择对象：                                        （按回车键）
指定基点：                                        （指定一点）
指定比例因子或 [复制(C)/参照(R)]：
```

✋**绘图技巧**

在对缩放比例进行设置时，如果输入小于 1 的数值，例如 0.9、0.5 等，则图形是缩小显示；而如果输入大于 1 的数值，例如 1.5、2、2.5 等，则图形是放大显示。

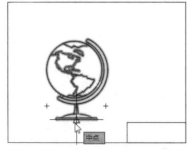

图 4-68　指定缩放基点　　　　　　图 4-69　缩放结果

4.3 填充图形图案

图案填充是一种使用图形图案对指定的图形区域进行填充的操作。用户既可以使用图案进行填充，也可以使用渐变色进行填充。填充完毕后，还可以对填充的图形进行编辑操作。

4.3.1 图案的填充

用户可以通过以下方法对一些封闭的图形进行图案填充。

● 执行菜单栏中的"绘图"→"图案填充"命令。
● 在"默认"选项卡的"绘图"面板中，单击"图案填充"按钮▨。
● 在命令行中输入 H 快捷命令后按回车键。

执行"图案填充"命令后，可打开"图案填充创建"功能选项卡。在该选项卡中，用户可以根据需要对图案类型、填充颜色、填充比例、填充角度等参数进行设置，如图 4-70 所示。

图 4-70　"图案填充创建"选项卡

4.3.2 渐变色的填充

除了可以对图形进行图案填充外，也可以对图形进行渐变色填充。执行"图案填充"命令后，在"图案填充创建"选项卡的"特性"面板中，单击"图案填充类型"下拉按钮，选择"渐变色"选项，如图 4-71 所示。在"图案"面板中，选择渐变色类型，并在"特性"面板中，设置渐变颜色即可填充渐变色，如图 4-72 所示。

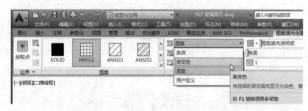

图 4-71　选择渐变色填充类型

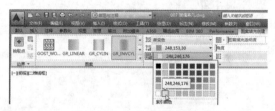

图 4-72　设置渐变颜色

实战——绘制卧室地毯图形

本例将使用图案填充命令，对卧室地毯进行填充操作。

Step 01 打开"双人床"素材文件，在命令行中输入"REC（矩形）"命令，绘制一个圆角半径为100mm、长为2000mm、宽为1000mm的长方形，并放置在合适位置，如图 4-73 所示。

命令行提示信息如下：

```
命令：RECTANG                                    （输入"矩形"命令，按回车键）
指定第一个角点或 [倒角(C)/标高(E)/圆角(F)/厚度(T)/宽度(W)]: f  （输入F，选择"圆角"选项）
指定矩形的圆角半径 <0.0000>:100                   （输入圆角半径值100，按回车键）
指定第一个角点或 [倒角(C)/标高(E)/圆角(F)/厚度(T)/宽度(W)]:
指定另一个角点或 [面积(A)/尺寸(D)/旋转(R)]:
>>输入 ORTHOMODE 的新值 <0>:
正在恢复执行 RECTANG 命令。
指定另一个角点或 [面积(A)/尺寸(D)/旋转(R)]: @1000,2000   （输入长和宽，按回车键完成操作）
```

Step 02 在命令行中输入"O（偏移）"命令，将圆角矩形向外偏移 60mm，如图 4-74 所示。

Step 03 在命令行中输入"TR（修剪）"命令，先选择双人床图形，按回车键，再选择两个圆角长方形，完成图形的修剪操作，如图 4-75、图 4-76 所示。

Step 04 在命令行中输入"L（直线）"命令，绘制辅助线，结果如图 4-77 所示。

Step 05 在命令行中输入"H（图案填充）"命令，在"图案填充创建"选项卡的"图案"面板中，选择满意的图案样式，如图 4-78 所示。

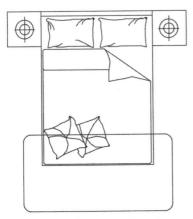

图 4-73　绘制圆角长方形

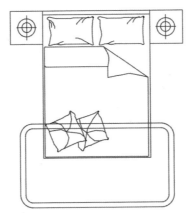

图 4-74　偏移圆角矩形

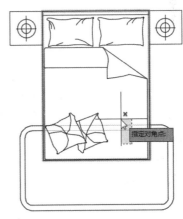

图 4-75　选择剪去的线段

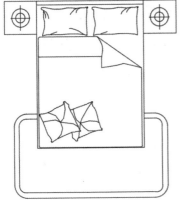

图 4-76　完成修剪结果

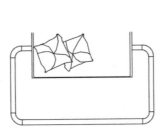

图 4-77　绘制辅助线

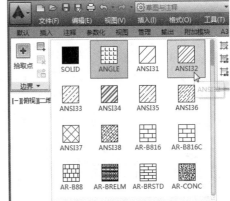

图 4-78　选择填充样式

Step 06 在"特性"面板中，将填充比例设置为 5，将填充角度设置为 315，如图 4-79 所示。

Step 07 图案设置好后，选中偏移的区域，将其填充，结果如图 4-80 所示。

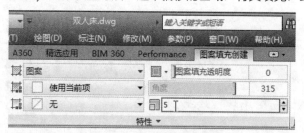

图 4-79　设置填充特性

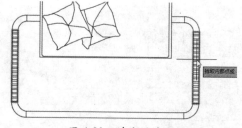

图 4-80　填充区域

Step 08 按回车键，继续执行"图案填充"命令，将填充角度设置为45，然后选择要填充的区域，如图 4-81 所示。

Step 09 删除外侧圆角长方形。执行"矩形"命令，捕捉圆角矩形对角点的圆心，绘制长方形，结果如图 4-82 所示。

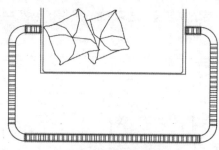

图 4-81　填充图形

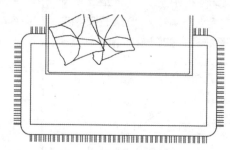

图 4-82　绘制长方形

Step 10 执行"修剪"命令，对矩形进行修剪操作，如图 4-83 所示。

Step 11 执行"图案填充"命令，在"图案"面板中，选择"ANSI38"图案样式，并将其比例设为 20，选中要填充的区域进行填充，如图 4-84 所示。至此，地毯图形即可绘制完成。

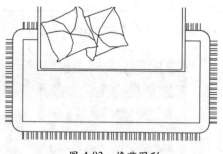

图 4-83　修剪图形

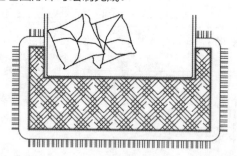

图 4-84　填充图形

4.4　编辑图形夹点

在编辑图形时，用户可以对图形的夹点进行修改编辑，例如拉伸、移动、旋转以及缩放等。下面将分别进行介绍。

1. 拉伸对象

选择要编辑的图形，单击其中任意一个夹点，当夹点呈红色时，移动光标即可将其拉伸，如图 4-85、图 4-86、图 4-87 所示。

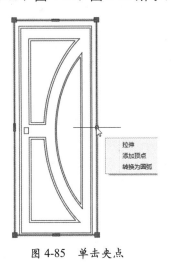
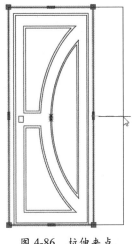
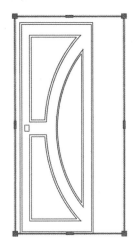

图 4-85　单击夹点　　　　　　　图 4-86　拉伸夹点　　　　　　　图 4-87　完成拉伸

2. 移动对象

移动对象只是在位置上平移，其大小和方向都不改变。选择要移动的图形对象，并进入夹点选择状态，在命令行中输入"MO"，按回车键进入移动模式，然后移动该图形即可，如图 4-88、图 4-89、图 4-90 所示。

命令行提示如下：

```
** 拉伸 **
指定拉伸点或 [基点(B)/复制(C)/放弃(U)/退出(X)]:mo        （输入"mo"，按回车键，进入移动模式）
** MOVE **
指定移动点 或 [基点(B)/复制(C)/放弃(U)/退出(X)]：        （指定下一个移动点）
```

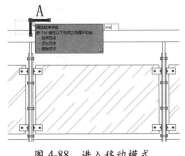
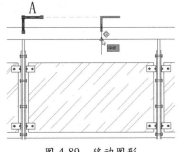
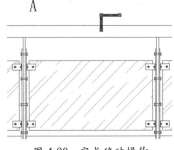

图 4-88　进入移动模式　　　　　　图 4-89　移动图形　　　　　　图 4-90　完成移动操作

3. 旋转对象

选择图形，进入夹点选择模式，然后在命令行输入"RO"，进入旋转模式，输入旋转角度，按回车键即可完成旋转操作，如图 4-91、图 4-92 所示。

命令行提示如下：

```
* * 拉伸 * *
指定拉伸点：ro                                    （输入"RO"，按回车键进入旋转模式）
* * 旋转 * *
指定旋转角度或 [基点(B)/复制(C)/放弃(U)/参照(R)/退出(X)]：45    （输入旋转角度，按回车键即可）
```

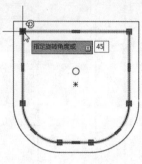

图 4-91　输入旋转角度

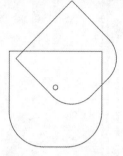

图 4-92　完成旋转操作

4. 缩放对象

选择图形，进入夹点选择模式，然后在命令行输入"SC"，进入缩放模式，输入缩放比例值，按回车键即可完成缩放操作，如图 4-93、图 4-94 所示。

命令行提示如下：

```
* * 拉伸 * *
指定拉伸点或 [基点(B)/复制(C)/放弃(U)/退出(X)]：sc        （输入"SC"，按回车键，进入缩放模式）
* * 比例缩放 * *
指定比例因子或 [基点(B)/复制(C)/放弃(U)/参照(R)/退出(X)]：1.5（输入比例值，按回车键完成操作）
```

知识拓展

在进行夹点编辑时，按一次空格键为移动操作，按两次空格键为旋转操作，按三次空格键为缩放操作，而按四次空格键为镜像操作，按五次空格键为拉伸操作。

夹点编辑相对于直接输入这些命令有两个优势，一是可以默认以选中的夹点为基点；二是每种操作都有复制选项，低版本 CAD 的缩放、移动、旋转等命令是没有复制选项的，不过高版本都增加了复制选项。

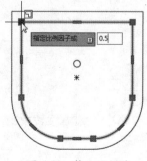

图 4-93　输入比例值

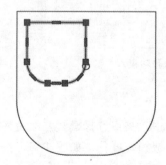

图 4-94　完成缩放操作

综合演练　绘制梳妆台立面图

实例路径：实例 \CH04\ 综合演练 \ 绘制梳妆台立面图 .dwg
视频路径：视频 \CH04\ 绘制梳妆台立面图 .avi

在学习本章知识内容后，下面将通过具体案例练习来巩固所学的知识。本实例用到的命令有矩形、倒圆角、偏移、修剪、复制等。

Step 01 在命令行中输入"REC（矩形）"命令，绘制一个长 1000mm、高 650mm 的长方形，如图 4-95 所示。

Step 02 在命令行中输入"O（偏移）"命令，将长方形向内偏移 20mm，结果如图 4-96 所示。

　　图 4-95　绘制长方形　　　图 4-96　偏移长方形

Step 03 在命令行中输入"X（分解）"命令，选中偏移后的长方形，按回车键，将其分解。

Step 04 在命令行中输入"DIV（定数等分）"命令，根据命令行中的提示信息，选中内长方形左侧边线，按回车键，输入等分数为 3，再次按回车键，完成等分操作。执行"直线"命令，捕捉等分点绘制等分线，如图 4-97 所示。

Step 05 执行"偏移"命令，将等分线分别向上、下各偏移 5mm，将分解后的长方形向内偏移 10mm，结果如图 4-98 所示。

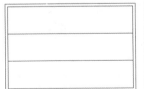 

　　图 4-97　绘制等分线　　　图 4-98　偏移等分线

Step 06 在命令行中输入"TR（修剪）"命令，将偏移后的直线进行修剪，并删除多余的直线，完成抽屉面板图形的绘制，结果如图 4-99 所示。

Step 07 执行"矩形"命令，绘制长 500mm、宽

10mm 的长方形，作为拉手放置在抽屉正中的位置，结果如图 4-100 所示。

图 4-99　绘制抽屉面板　　图 4-100　绘制拉手

Step 08 在命令行中输入"CO（复制）"命令，选择拉手图形，并指定抽屉中心点为复制基点，将其向下进行复制操作，结果如图 4-101 所示。

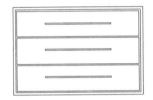

图 4-101　复制拉手

Step 09 在命令行中输入"PL（多段线）"命令，绘制如图 4-102 所示的图形。

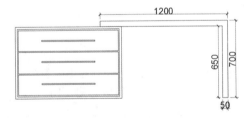

图 4-102　绘制梳妆台轮廓线

Step 10 在命令行中输入"F（倒圆角）"命令，将多段线进行倒圆角，圆角半径为 50mm，结果如图 4-103 所示。

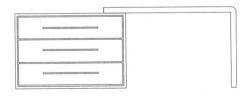

图 4-103　梳妆台倒圆角

Step 11 在命令行中输入"REC（矩形）"命令，绘制长1000mm、宽490mm的长方形，作为镜子图形，放置在梳妆台的上方，如图4-104所示。

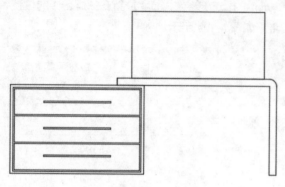

图 4-104　绘制镜子图形

Step 12 在命令行中输入"X（分解）"命令，将镜子图形进行分解。然后执行"偏移"命令，将镜子下方边线向上偏移80mm，将其他三条边线向内偏移10mm，结果如图4-105所示。

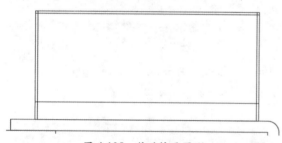

图 4-105　偏移镜子图形

Step 13 在命令行中输入"TR（修剪）"命令，将偏移后的图形进行修剪，结果如图4-106所示。

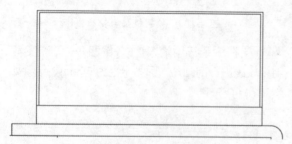

图 4-106　修剪图形

Step 14 在命令行中输入"REC（矩形）"命令，绘制一个长500mm、宽450mm的长方形，放置在合适位置，如图4-107所示。

Step 15 在命令行中输入"X（分解）"命令，将长方形进行分解。在命令行中输入"O（偏移）"命令，将长方形向内进行偏移，偏移距离如图4-108所示。

Step 16 在命令行中输入"TR（修剪）"命令，将偏移后的长方形进行修剪，完成坐凳图形的绘制，如图4-109所示。

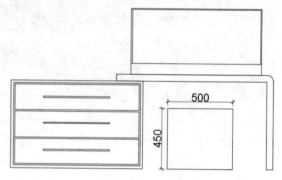

图 4-107　绘制长方形

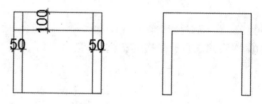

图 4-108　偏移长方形　　　图 4-109　绘制坐凳图形

Step 17 在命令行中输入"H（图案填充）"命令，在"图案填充创建"选项卡的"图案"面板中，选择"AR-PARQ1"图案样式，在"特性"面板中，将比例设置为6，将角度设置为45，并设置好其填充颜色，然后选择镜子图形，将其填充，结果如图4-110所示。至此，梳妆台立面图形绘制完毕。

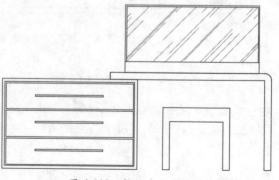

图 4-110　梳妆台立面效果

上机操作

为了让读者能够更好地掌握本章所学的知识，下面将列举两个操作题来对本章内容进行巩固。

1. 绘制方形餐桌平面图形

利用"矩形""圆""圆弧""偏移""复制""镜像""修剪"以及"图案填充"命令绘制方形餐桌平面图，如图 4-111 所示。

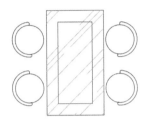

图 4-111　方形餐桌平面图

⚠ **操作提示：**

Step 01 执行"矩形""偏移""图案填充"命令，绘制餐桌图形。

Step 02 执行"圆""圆弧"以及"修剪"命令，绘制一个座椅图形。

Step 03 执行"复制"命令，将座椅图形进行复制。

Step 04 执行"镜像"命令，将座椅以餐桌中线为镜像轴，进行镜像复制操作。

2. 绘制淋浴房平面图

利用"倒圆角""偏移""矩形""复制""图案填充"等命令，绘制淋浴房平面图，如图 4-112 所示。

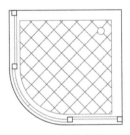

图 4-112　淋浴房平面图

⚠ **操作提示：**

Step 01 执行"矩形"和"倒圆角"命令，绘制淋浴房轮廓图形。

Step 02 执行"矩形""偏移"命令，绘制淋浴玻璃。

Step 03 执行"偏移""图案填充"命令，绘制淋浴房地面。

第 5 章

使用家具绘图辅助工具

本章将主要介绍在绘图过程中必不可少的辅助绘图命令，如图块、文本标注、尺寸标注、表格等。这些基本技能将贯穿整个绘图过程，因此熟练掌握其操作是很有必要的。通过对本章内容的学习，可以在很大程度上提高绘图的效率。

知识要点

▲ 图块的应用　　　　　　　▲ 尺寸标注

▲ 文本标注　　　　　　　　▲ 引线标注

▲ 表格的应用

5.1 插入图块

图块是一个或多个图形对象组成的对象集合，它是一个整体。经常用于绘制重复或复杂的图形。创建块的目的是为了减少大量重复的操作步骤，从而提高设计和绘图的效率。

5.1.1 创建内部图块

内部图块是跟随定义它的图形文件一起保存的，存储在图形文件内部，因此只能在当前图形文件中调用，而不能在其他图形中调用。用户可通过以下方法来执行。

● 执行"绘图"→"块"→"创建"命令。

● 在"默认"选项卡的"块"面板中单击"创建"按钮。

● 在命令行中输入快捷命令 B 后按回车键。

执行以上任意一种操作后，即可打开"块定义"对话框，如图 5-1 所示。

图 5-1　"块定义"对话框

在"块定义"对话框中，单击"选择对象"按钮，在绘图区中，选择所需图形，按回车键，返回对话框。在此单击"拾取点"按钮，在所需图形中，指定选取基点，返回对话框，在"名称"文本框中输入新名称，单击"确定"按钮即可将图形对象创建成块。

5.1.2 创建外部图块

外部块则是将块或者图形文件保存到独立的图形文件中。这个独立的新图形文件可利用当前图形中定义的块创建，也可以由当前图形中被选择的对象组成。

用户可以通过以下方法来创建外部块。

● 在"插入"选项卡的"块定义"面板中，单击"创建块"下拉按钮，选择"写块"选项。

● 在命令行中输入 W 快捷命令后按回车键。

执行以上任意一种操作后，即可打开"写块"对话框，在该对话框中可以设置组成块的对象来源，如图 5-2 所示。

图 5-2 "写块"对话框

实战——创建双人床立面图块

本例将利用"矩形""倒圆角""修剪""偏移""写块""复制"等命令，创建双人床立面图块。

Step 01 在命令行中输入"REC（矩形）"命令，绘制一个长 2200mm，宽 1140mm 的长方形，如图 5-3 所示。

Step 02 执行"X（分解）"命令，将长方体进行分解。执行"O（偏移）"命令，将长方形向内偏移，其尺寸如图 5-4 所示。

Step 03 执行"TR（修剪）"命令，将偏移后的图形进行修剪，如图 5-5 所示。

图 5-3 绘制长方形 　　　　图 5-4 偏移长方形 　　　　图 5-5 修剪结果

Step 04 执行"F（倒圆角）"命令，将圆角半径设为 100mm，对床垫图形进行倒圆角操作，结果如图 5-6 所示。

Step 05 执行"O（偏移）"命令，将床背板轮廓进行偏移，其结果如图 5-7 所示。

Step 06 执行"TR（修剪）"命令，将偏移后的图形进行修剪操作，结果如图 5-8 所示。

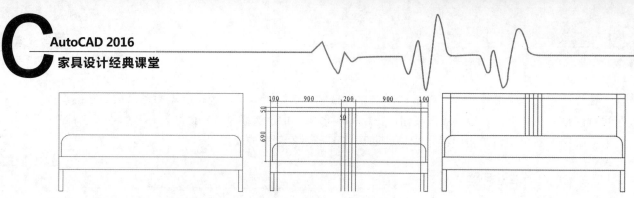

图 5-6　将床垫倒圆角　　　　图 5-7　偏移图形　　　　图 5-8　修剪图形

Step 07 执行 "REC（矩形）" 命令，绘制长 600mm，宽 80mm 的长方形。然后执行 "F（倒圆角）" 命令，将长方形进行倒圆角，圆角半径为 50mm，完成枕头的绘制，如图 5-9 所示。

Step 08 执行 "CO（复制）" 命令，将枕头图形进行复制操作，结果如图 5-10 所示。

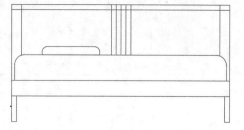
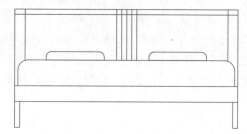

图 5-9　绘制枕头图形　　　　　　　图 5-10　复制枕头图形

Step 09 执行 "A（圆弧）" 命令，在床垫和枕头图形上绘制弧线，作为床单纹路，结果如图 5-11 所示。

Step 10 选中绘制的圆弧，在 "特性" 面板中，单击 "对象颜色" 下拉按钮，选择合适的颜色，将其弧线颜色进行更改，结果如图 5-12 所示。

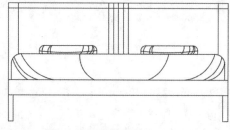
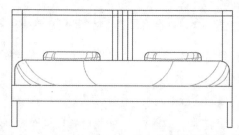

图 5-11　绘制纹路　　　　　　　　图 5-12　更改纹路线条颜色

Step 11 执行 "REC（矩形）" 命令，绘制尺寸为 600mm×600mm 的矩形，作为床头柜轮廓线，如图 5-13 所示。

Step 12 将矩形进行分解。其后执行 "O（偏移）" 命令，将矩形边线向内进行偏移，如图 5-14 所示。

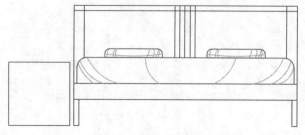
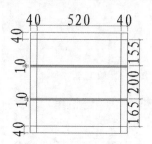

图 5-13　绘制床头柜轮廓线　　　　图 5-14　偏移轮廓线

知识拓展

　　　床头柜常规尺寸：宽为 400~600mm，深为 350~450mm，高为 500~700mm，其中床头柜的高度一般都是遵循床的高度来指定的，所以没有绝对值。

Step 13 执行"TR（修剪）"命令，将偏移后的图形进行修剪，结果如图 5-15 所示。

Step 14 执行"C（圆）"命令，绘制半径为 15mm 的圆形，并将其放置床头柜合适位置，作为抽屉拉手。然后执行"CO（复制）"命令，将拉手图形进行复制操作，结果如图 5-16 所示。

Step 15 执行"MI（镜像）"命令，将床头柜以床中线为镜像轴进行镜像复制操作，结果如图 5-17 所示。

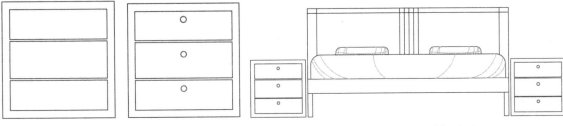

图 5-15　修剪结果　　图 5-16　绘制抽屉拉手　　　　图 5-17　镜像床头柜图形

Step 16 执行"B（创建块）"命令，打开"块定义"对话框，单击"选择对象"按钮，如图 5-18 所示。在绘图区中，框选绘制好的床图形，按回车键，返回至"块定义"对话框，单击"拾取点"按钮，如图 5-19 所示。

图 5-18　选择对象　　　　　　　　　　　图 5-19　指定拾取点

Step 17 在绘图区中，指定床图形的选取基点，再次返回"块定义"对话框，在"名称"文本框中，输入床名称，单击"确定"按钮，关闭对话框，如图 5-20 所示。

Step 18 此时绘制的床图形已创建成块了，如图 5-21 所示。

Step 19 执行"W（写块）"命令，打开"写块"对话框。单击"选择对象"按钮，选中床图块，单击"拾取点"按钮，在床图块中指定选取基点，如图 5-22 所示。

Step 20 在"写块"对话框中，设置好图块保存的路径、文件名及单位，如图 5-23 所示。单击"确定"按钮，完成图块的保存操作。

图 5-20　定义图块名称

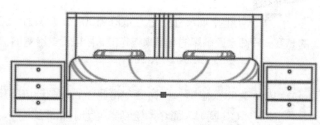

图 5-21　完成块的创建

图 5-22　指定床图块的选取基点

图 5-23　保存床图块

知识拓展

外部图块与内部图块的区别是，外部图块可作为独立文件保存，可以插入到任何图形中去，并可以对图块进行打开和编辑；而内部图块则只能在当前图纸中运用，不能将其保存。

5.1.3　插入图块

当图块创建完成后，便可以将其插入至图形中了。插入块时可以一次插入一个，也可以一次插入多个块。用户可以通过以下方法执行"插入块"命令。

● 执行菜单栏中的"绘图"→"块"→"插入"命令。

● 在"默认"选项卡的"块"面板中，单击"插入"下拉按钮，选择"更多选项"选项。

● 在命令行中输入 I 快捷命令后按回车键。

执行以上任意一种操作后，即可打开"插入"对话框，如图 5-24 所示。利用该对话框可以将创建好的图块插入至当前的图形中。

图 5-24　"插入"对话框

实战——为卧室立面添加双人床图块

本例将利用"插入"命令，将双人床图块插入至卧室立面图中。

Step 01 打开"卧室立面图"素材文件，在命令行中输入"I（插入）"命令，打开"插入"对话框，单击"浏览"按钮，如图 5-25 所示。

Step 02 在"选择图形文件"对话框中，选中要插入的双人床图块，单击"打开"按钮，如图 5-26 所示。

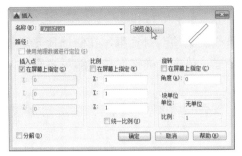

图 5-25 "插入"对话框

图 5-26 选择图块文件

Step 03 返回到"插入"对话框，单击"确定"按钮，关闭对话框，如图 5-27 所示。

Step 04 在绘图区中，指定图块插入点即可完成插入操作，如图 5-28 所示。

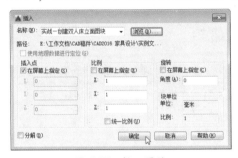

图 5-27 插入图块

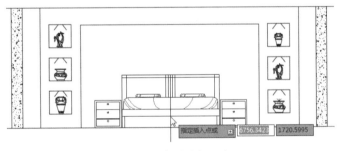

图 5-28 指定图块插入点

Step 05 按照上述操作，将装饰画图块插入至卧室合适位置，结果如图 5-29 所示。

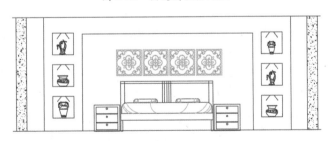

图 5-29 插入装饰画图块

5.2 使用外部参照

外部参照是指一个图形文件对另一个图形文件的引用，将已有的其他图形文件链接到当前

图形文件中，并且作为外部参照的图形会随着原图形的修改而更新。

5.2.1 附着外部参照

将图形作为外部参照附着时，会将该参照图形链接到当前图形。打开或重载外部参照时，对参照图所做的任何修改都会显示在当前图形中。用户可通过以下几种方式执行"附着参照"命令。

● 执行菜单栏中"插入"→"DWG参照"命令。
● 在"插入"选项卡的"参照"面板中，单击"附着"按钮🗋。

利用以上任意一种方式后，都会打开"选择参照文件"对话框，在此选择要附着的图形，单击"打开"按钮，打开"附着外部参照"对话框，单击"确定"按钮即可将图形以外部参照的方式插入，如图5-30、图5-31所示。

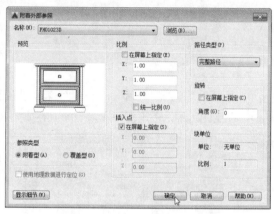

图 5-30　选择参照图形　　　　图 5-31　"附着外部参照"对话框

5.2.2 绑定外部参照

在对包含有外部参照图形的最终图形文件进行保存时，需要将参照图形进行绑定操作，等再次打开该图形文件时，则不会出现无法显示参照的错误提示信息。

在 AutoCAD2016 软件中，可通过以下两种方式执行绑定操作。

● 执行菜单栏中"修改"→"对象"→"外部参照"→"绑定"命令即可。
● 在命令行中输入 XBIND 命令，按回车键即可。

利用以上任意一种方式，均可打开"外部参照绑定"对话框。

在该对话框中的"外部参照"列表框中，选择要绑定的图块，并单击展开按钮，选择所需外部参照的定义名，然后单击"添加"按钮，此时在"绑定定义"列表框中，则会显示将被绑定的外部参照的相关定义，单击"确定"按钮，完成操作，如图5-32所示。

除了以上方法外，用户还可在"外部参照"选项卡的"选项"面板中，单击"外部参照"按钮，在"外部参照"选项面板中，右击所需参照图块，在弹出的快捷菜单中，选择"绑定"选项，如图5-33所示。在打开"绑定外部参照/DGN 参考底图"对话框中，单击"确定"按钮，完成操作，如图5-34所示。

图 5-32　"外部参照绑定"对话框　　图 5-33　右键选中"绑定"选项　　图 5-34　绑定参照图块

5.3　使用设计中心

AutoCAD 设计中心是重复利用和共享内容的一个直观高效的工具，它提供了观察和重用设计内容的强大工具，图形中任何内容几乎都可通过设计中心实现共享。利用 AutoCAD 设计中心用户可以浏览、查找、预览和管理图形。也可以将原图形中的任何内容拖动到当前图形中使用，还可以在图形之间复制、粘贴对象属性，以避免重复操作，使用起来非常方便。

5.3.1　使用设计中心搜索图形

"设计中心"的搜索功能类似于 Windows 的查找功能，它可在本地磁盘或局域网中的网络驱动器上按指定搜索条件在图形中插入图形、块和图片。

用户可以通过以下方法执行设计中心功能命令。

● 执行"工具"→"选项板"→"设计中心"命令。

● 在"视图"选项卡的"选项板"面板中，单击"设计中心"按钮。

● 按 Ctrl+2 组合键即可。

利用以上任意一种方式都可打开"设计中心"选项板，如图 5-35 所示。单击"搜索"按钮，在"搜索"对话框中，单击"搜索"下拉按钮，并选择搜索类型，然后指定好搜索路径，并根据需要设定搜索名称，单击"立即搜索"按钮，稍等片刻即可显示搜索结果，如图 5-36 所示。

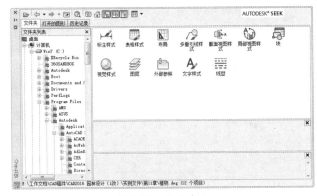 

图 5-35　设计中心　　　　　　　　　　　图 5-36　搜索功能

5.3.2 使用设计中心插入图块

使用设计中心可以方便地在当前图形中插入块，引用光栅图、外部参照，并在图形之间复制图层、线型、文字样式和标注样式等各种内容。

1. 插入块

设计中心提供了两种插入图块的方法，一种为按照默认缩放比例和旋转方式进行操作；而另一种则是精确指定坐标、比例和旋转角度方式。

使用设计中心执行图块的插入时，选中所要插入的图块，按住鼠标左键，并将其拖至绘图区后，释放鼠标即可。用户也可在"设计中心"面板中，右击所需插入的图块，在快捷列表中选择"插入为块"选项，如图 5-37 所示。然后在"插入"对话框中，根据需要确定插入基点、插入比例等数值，单击"确定"按钮即可完成，如图 5-38 所示。

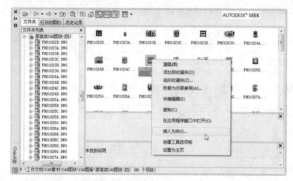

图 5-37　选择"插入为块"选项　　　　　　图 5-38　"插入"对话框

2. 引用光栅图像

在 AutoCAD 中除了可向当前图形插入块，还可以将数码照片或其他抓取的图像插入到绘图区中，光栅图像类似于外部参照，需按照指定的比例或旋转角度插入。

在"设计中心"面板左侧树状图中指定图像的位置，其后在右侧内容区域中，右击所需图像，在弹出的快捷菜单中，选择"附着图像"选项，如图 5-39 所示。在打开的对话框中，根据需要设置插入比例等选项，单击"确定"按钮，并在绘图区中指定好插入点即可，如图 5-40 所示。

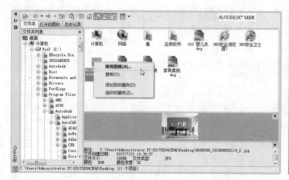

图 5-39　选择"附着图像"选项　　　　　　图 5-40　插入图像

绘图技巧

除了使用"设计中心"功能插入图像外，用户还可在菜单栏中，执行"插入"→"光栅图像参照"命令，在"选中参照文件"对话框中，选中要插入的图像，单击"打开"按钮，在"附着图像"对话框中，设置好其比例参数即可插入。

3. 复制图层

如果使用设计中心进行图层的复制时，则只需使用设计中心将预先定义好的图层拖放至新文件中即可。这样既节省了大量的作图时间，又能保证图形标准的要求，也保证了图形间的一致性。按照同样的操作还可将图形的线型、尺寸样式、布局等属性进行复制操作。

用户只需在"设计中心"面板左侧树状图中，选择所需图形文件，单击"打开的图形"选项卡，选择"图层"选项，其后在右侧内容显示区中选中所有的图层文件，按住鼠标左键并将其拖至新的空白文件中，如图 5-41 所示。放开鼠标即可。此时在新文件中，执行"图层特性"命令，在"图层特性管理器"面板中，可显示所复制的图层，如图 5-42 所示。

图 5-41　拖曳复制图层

图 5-42　查看复制结果

5.4　标注文本

图形中的所有文字都具有与之相关联的文字样式，系统默认使用的是"Standard"样式，用户可根据图纸需要，自定义文字样式，如文字高度、大小、颜色等。

5.4.1　设置文本样式

在标注文字之前，都需对文字的样式进行调整设置。例如文字的字体、高度、文字宽度比例以及显示类型等。使用"文字样式"对话框来创建和修改文本样式。用户可以通过以下方法打开"文字样式"对话框，如图 5-43 所示。

- 执行菜单栏中的"格式"→"文字样式"命令。
- 在"默认"选项卡的"注释"面板中，单击"文字样式"按钮**A**。

● 在"注释"选项卡的"文字"面板中，单击右下角箭头 ▱。

● 在命令行中输入 ST 快捷命令，按回车键即可。

执行以上任意一种操作后，都将打开"文字样式"对话框。在该对话框中，用户可以创建新的文字样式，也可以对已定义的文字样式进行编辑。

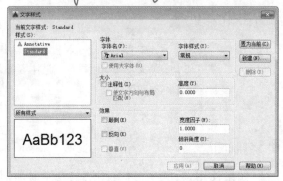

图 5-43   "文字样式"对话框

5.4.2   添加文本

当文字样式创建完成后，就可创建所需的文本内容了。在 AutoCAD 中，用户可根据需要创建两种文字类型，分别为：单行文本和多行文本。而系统默认为多行文本类型。下面将分别对其操作进行介绍。

1. 添加单行文本

使用单行文字可创建一行或多行的文本内容。按回车键，即可换行输入。使用"单行文字"输入的文本都是一个独立完整的对象，用户可以将其进行重新定位、格式修改以及其他编辑操作。用户可以通过以下方法执行"单行文字"命令。

● 执行菜单栏中"绘图"→"文字"→"单行文字"命令。

● 在"默认"选项卡的"注释"面板中，单击"文字"下拉按钮，选择"单行文字"选项 A⌐。

● 在"注释"选项卡的"文字"面板中，单击"单行文字"按钮 A⌐。

● 在命令行中输入 TEXT 命令后按回车键。

通过执行以上任意操作后，在绘图区中指定文本起点，根据命令行提示信息，设置文本的高度和旋转角度，其后在绘图区中输入文本，按回车键完成操作。

命令行提示信息如下：

```
命令: _text
当前文字样式: "Standard"   文字高度: 2.5000   注释性: 否
指定文字的起点或 [对正(J)/样式(S)]:               (指定文字起点)
指定高度 <2.5000>: 100                            (输入文字高度值)
指定文字的旋转角度 <0>:                           (输入旋转角度值)
```

✍ 绘图技巧

如果要对单行文本内容进行修改，双击输入的文本内容，进入文字编辑状态时即可修改内容。若要对文本的高度、旋转角度等参数进行修改，可右击单行文本，在快捷列表中，选择"特性"选项，在打开的"特性"选项板中，根据需要对相关参数进行设置即可。

实战——绘制洗衣机图块

本例将利用"矩形""偏移"以及"单行文字"命令，绘制洗衣机图块。

Step 01 执行"REC（矩形）"命令，绘制一个长 600mm、宽 600mm 的长方形，并将其进行分解，如图 5-44 所示。

Step 02 执行"O（偏移）"命令，将长方形上边线向下偏移 150mm，如图 5-45 所示。

Step 03 再次执行"O（偏移）"命令，将偏移后的长方形再向内进行偏移，偏移距离如图 5-46 所示。

Step 04 执行"TR（修剪）"命令，将偏移后的图形进行修剪操作，其结果如图 5-47 所示。

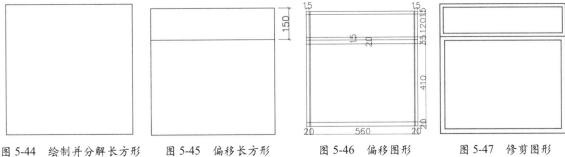

图 5-44　绘制并分解长方形　　图 5-45　偏移长方形　　图 5-46　偏移图形　　图 5-47　修剪图形

Step 05 依次执行"C（圆）""REC（矩形）"和"TR（修剪）"命令，绘制洗衣机按钮图形，其尺寸适中即可，其结果如图 5-48 所示。

Step 06 执行"L（直线）"命令，绘制两条交叉线，作为洗衣机示意线。选中洗衣机图形（除外轮廓线），在"特性"面板中，单击"对象颜色"下拉按钮，选择满意的颜色，更改当前被选中的图形颜色如图 5-49 所示。

Step 07 在"注释"选项卡的"文字"面板中，单击"单行文字"按钮，根据命令行提示，在图形合适位置，指定文字起点，将文字高度设为 100，其他参数为默认值，如图 5-50 所示。

Step 08 按回车键，进入文字编辑状态，在此输入文本内容，按 Ctrl+Enter 组合键完成输入操作，结果如图 5-51 所示。

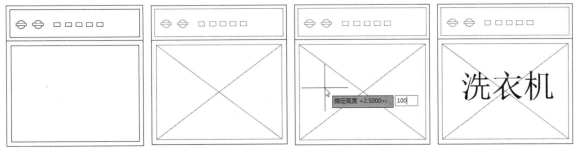

图 5-48　绘制洗衣机按钮图形　图 5-49　绘制示意线　　图 5-50　设置文字高度　　图 5-51　完成输入

2. 添加多行文本

多行文本是由任意数目的文字或段落组合而成，每一行文字都可以作为一个整体处理。用户可以通过以下方法执行"多行文字"命令。

● 执行菜单栏中"绘图"→"文字"→"多行文字"命令。

- 在"默认"选项卡的"注释"面板中,单击"多行文字"按钮 **A**。
- 在"注释"选项卡的"文字"面板中,单击"多行文字"按钮 **A**。
- 在命令行中输入 T 快捷命令,按回车键。

通过以上任意一种方法启动"多行文本"命令后,在绘图区中,框选文字的区域,当进入文字编辑状态后,输入所需文本,单击空白处任意一点,完成操作,如图5-52、图5-53所示。

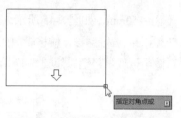

图 5-52　框选多行文字范围

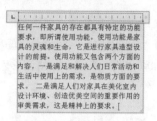

图 5-53　输入文本内容

执行"多行文本"命令输入文本后,双击该文本段落,在"文字编辑器"选项卡中,用户可根据需要对文本的高度、字体、颜色等属性进行设置,如图5-54所示。

图 5-54　"文字编辑器"选项卡

5.4.3　插入特殊文本

在进行文字输入过程中,经常会输入一些特殊字符,例如直径、正负公差符号、文字的上划线、下划线等。而这些特殊符号一般不能由键盘直接输入,因此,AutoCAD提供了相应的控制符,以实现这些标注要求。

用户只需执行"单行文字"命令,在命令行中输入特殊字符的代码,即可完成。常见特殊字符代码如表5-1所示。

表 5-1　常用特殊字符代码表

特殊字符图样	特殊字符代码	说明
字符	%%O	打开或关闭文字上划线
字符	%%U	打开或关闭文字下划线
30°	%%D	标注度符号
±3	%%P	标注正负公差符号
⌀10	%%C	直径符号
∠	\U+2220	角度
≠	\U+2260	不相等
≈	\U+2248	几乎等于
Δ	\U+0394	差值

除了直接输入特殊字符外，用户还可以在"文字编辑器"选项卡的"插入"面板中，单击"符号"下拉按钮，选择所需的符号选项即可插入，如图 5-55 所示。

如果列表中的符号不能满足用户的需求，可在该列表中，选择"其他"选项，在"字符映射表"对话框中，选择满意的符号，先单击"选择"按钮，然后再单击"复制"按钮，最后在光标处按 Ctrl+V 键粘贴即可，如图 5-56 所示。

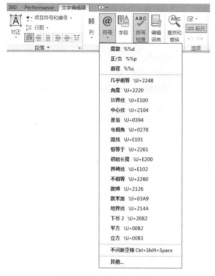

图 5-55　符号列表

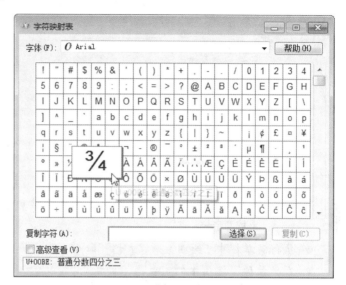

图 5-56　"字符映射表"对话框

5.5 制作表格

表格是在行和列中包含数据的对象，可从空表格或表格样式创建表格对象，也可以将表格链接到 Excel 电子表格中的数据等。在 AutoCAD 中用户可以使用默认表格样式 STANDARD，当然也可根据需要创建自己的表格样式。

5.5.1 设置表格样式

表格样式控制一个表格的外观，用于保证标准的字体、颜色、文本、高度和行距。在创建表格前，应先创建表格样式，并通过管理表格样式，使表格样式更符合行业的需要。

用户可以通过以下方式来设置表格样式。

● 执行菜单栏中的"格式"→"表格样式"命令。

● 在"默认"选项卡的"表格"面板中，单击该面板右下角箭头即可。

● 在"注释"选项卡的"表格"面板中，同样单击面板右下角箭头即可。

● 在命令行中输入 TABLESTYLE 命令，按回车键。

通过以上任意一种方式都可打开"新建表格样式"对话框，在该对话框中，用户可对表格的表头、数据以及标题样式进行设置，如图 5-57 所示。

在"新建表格样式"对话框中，用户可以通过设置"常规""文字"和"边框"这3个选项卡相关参数，对表格的"标题、表头和数据"样式进行设置。

图 5-57　"新建表格样式"对话框

5.5.2　创建表格

表格颜色创建完成后，可使用"插入表格"命令创建表格。在 AutoCAD2016 中，可通过以下方式执行"表格"命令。

● 执行菜单栏中"绘图"→"表格"命令。

● 在"注释"选项卡的"表格"面板中，单击"表格"按钮▦。

● 在"默认"选项卡的"注释"面板中，单击"表格"按钮。

● 在命令行中输入 TABLE 命令后按回车键。

利用以上任意一种方式，都会打开"插入表格"对话框，然后在对话框中，设置表格的列数和行数即可插入，如图 5-58 所示。

图 5-58　"插入表格"对话框

实战——创建灯具设备材料表

本例将以灯具材料表格为例，介绍表格的创建操作。

Step 01　执行"格式"→"表格样式"命令，打开"表格样式"对话框。单击"修改"按钮，如图 5-59 所示。

Step 02　在"修改表格样式"对话框的"单元样式"选项组中，单击其下拉按钮，选择"标题"选项，并在"常规"选项卡的"页边距"选项中，将"水平"设为 0，将"垂直"设为 30，结果如图 5-60 所示。

Step 03　切换到"文字"选项卡，将"文字高度"设为 50，如图 5-61 所示。

Step 04　在"单元样式"列表中，选择"表头"选项，在"特性"选项组中，将"填充颜色"设为灰色，然后将页边距"水平"设为 0，"垂直"设为 30，如图 5-62 所示。

Step 05　切换到"文字"选项卡，将"文字高度"设为 30，如图 5-63 所示。

Step 06 在"单元样式"列表中，选择"数据"选项，然后在"常规"选项卡中，将"对齐"设为"正中"，"水平"设为 0，"垂直"设为 30，如图 5-64 所示。

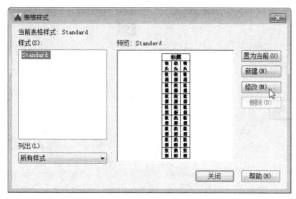

图 5-59　单击"修改"按钮

图 5-60　修改"标题"页边距

图 5-61　设置文字高度值

图 5-62　设置表头填充颜色和页边距

图 5-63　设置"表头"文字高度

图 5-64　设置"数据"对齐及页边距值

Step 07 切换到"文字"选项卡，将其"文字高度"设为 30，如图 5-65 所示。

Step 08 单击"确定"按钮，返回上一层对话框，单击"置为当前"按钮，关闭对话框，完成表格样式的设置操作，如图 5-66 所示。

图 5-65　设置"数据"文字高度

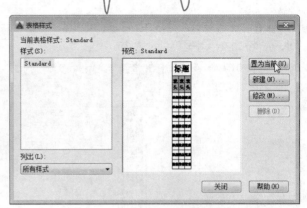

图 5-66　完成表格样式设置

Step 09 在"注释"选项卡的"表格"面板中，单击"表格"按钮，打开"插入表格"对话框。在"列和行设置"选项组中，将"列数"设为 5，将"列宽"设为 200，将"数据行数"设为 8，"行高"设为 1 行，如图 5-67 所示。

Step 10 单击"确定"按钮，关闭对话框。在绘图区中，指定表格的起点，并在打开的文字编辑器中，输入标题内容，如图 5-68 所示。

Step 11 按回车键，系统自动将光标移至表头首个单元格内容，并启动文字编辑器，输入文本内容，如图 5-69 所示。

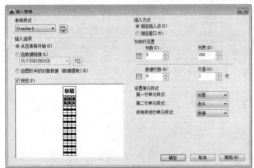

图 5-67　设置表格列和宽参数

图 5-68　输入标题内容

图 5-69　输入表头首个单元格内容

Step 12 按键盘上的"→"方向键，继续输入表头内容，单击表格外空白区域，完成输入操作，结果如图 5-70 所示。

Step 13 双击第 2 列第 3 行单元格，进入文字编辑状态，输入表格正文内容，如图 5-71 所示。

Step 14 按照同样的操作方法，输入表格所有正文内容，结果如图 5-72 所示。

图 5-70　输入全部表头内容　　　图 5-71　输入表格正文内容　　　图 5-72　完成内容的输入操作

Step 15 框选“数量”单元列，在“表格单元”选项卡的“单元样式”面板中，单击“右上”下拉按钮，选择“正中”选项，将数据正中对齐，如图 5-73 所示。

Step 16 单击选中表格，将光标移至表格右上角控制点，按住鼠标左键不放，将其向右拖曳至满意位置，放开鼠标即可调整该表格的宽度，如图 5-74 所示。

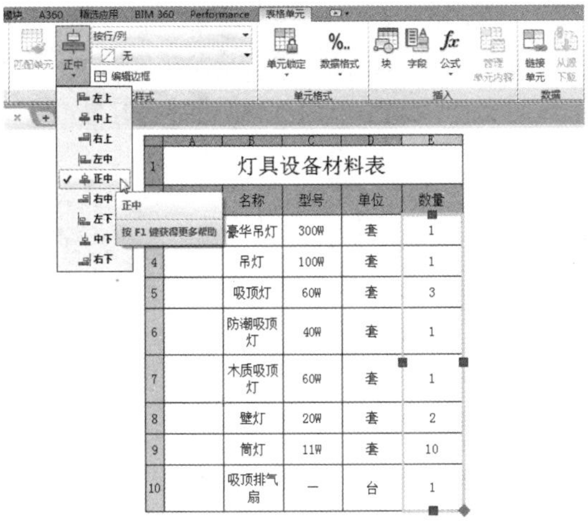

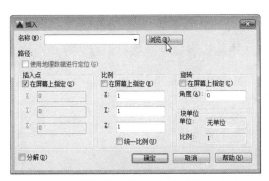

图 5-73　对齐数据

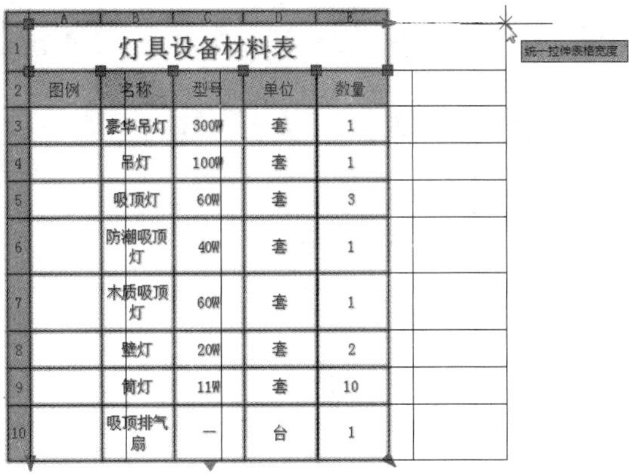

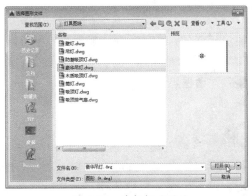

图 5-74　调整表格宽度

Step 17 执行“I（插入块）”命令，打开“插入”对话框，单击“浏览”按钮，如图 5-75 所示。

Step 18 在“选择图形文件”对话框中，选择灯具图块，单击“打开”按钮，如图 5-76 所示。

图 5-75　“插入”对话框

图 5-76　选择灯具图块

Step 19 返回至“插入”对话框，单击“确定”按钮，关闭对话框。其后指定表格首列第 3 行单元格，将图块插入，结果如图 5-77 所示。

Step 20 执行“SC（缩放）”命令，选中插入的灯具图块，并指定好缩放基点，输入缩放值 0.3，按回车键，完成缩放操作。按照同样的操作方法，将其他灯具图块插入至相应的单元格中，结果如图 5-78 所示。

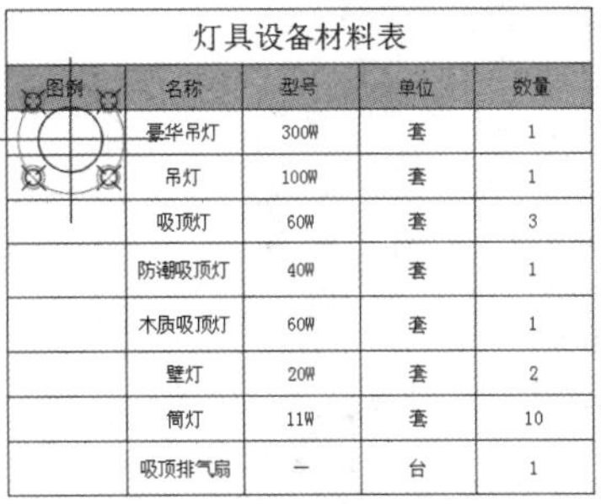

灯具设备材料表

图例	名称	型号	单位	数量
	豪华吊灯	300W	套	1
	吊灯	100W	套	1
	吸顶灯	60W	套	3
	防潮吸顶灯	40W	套	1
	木质吸顶灯	60W	套	1
	壁灯	20W	套	2
	筒灯	11W	套	10
	吸顶排气扇	—	台	1

图 5-77　插入图块

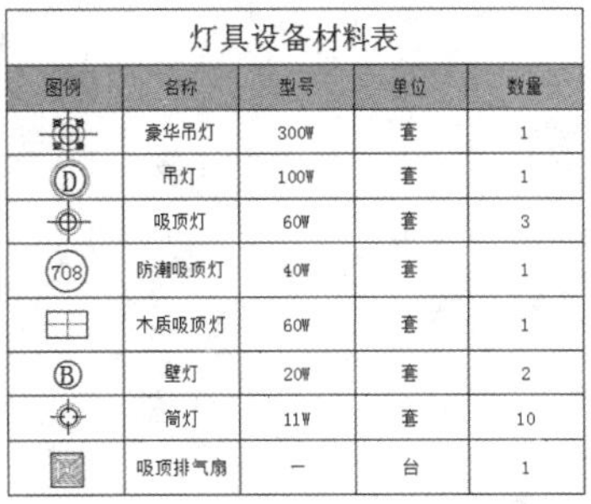

灯具设备材料表

图例	名称	型号	单位	数量
	豪华吊灯	300W	套	1
D	吊灯	100W	套	1
	吸顶灯	60W	套	3
708	防潮吸顶灯	40W	套	1
	木质吸顶灯	60W	套	1
B	壁灯	20W	套	2
	筒灯	11W	套	10
	吸顶排气扇	—	台	1

图 5-78　缩放并完成其他图块的插入

5.5.3 编辑表格

创建表格后，用户可对表格进行剪切、复制、删除、缩放或旋转等操作。首先选中所需编辑的单元格，在"表格单元"选项卡中，用户可根据需要对表格的行、列、单元样式、单元格式等元素进行编辑操作，如图 5-79 所示。

图 5-79 "表格单元"选项卡

5.6 标注尺寸

尺寸标注是工程绘图设计中的一项重要内容，它描述了图形对象的真实大小、形状和位置，是实际生活和生产中的重要依据。下面将介绍尺寸标注样式的创建与编辑操作。

5.6.1 设置尺寸样式

标注样式有利于控制标注的外观。不同行业的尺寸标注样式要求是不同的。在 AutoCAD 中，利用"标注样式管理器"对话框可创建与设置标注样式。用户可通过以下方法打开"标注样式管理器"对话框。

- 执行"格式"→"标注样式"命令。
- 在"默认"选项卡的"注释"面板中，单击"标注样式"按钮。
- 在"注释"选项卡的"标注"面板中单击右下角箭头即可。
- 在命令行中输入 D 或 DS 快捷命令，按回车键即可。

执行以上任意一种操作后，都可打开"标注样式管理器"对话框。在该对话框中，用户可以创建新的标注样式，也可以对已定义的标注样式进行设置，如图 5-80、图 5-81 所示。

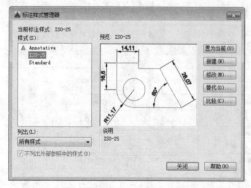

图 5-80 "标注样式管理器"对话框

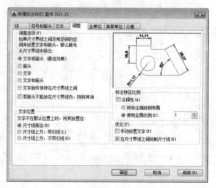

图 5-81 "新建标注样式"对话框

5.6.2　添加尺寸标注

标注样式设置完成后，即可对图形添加相应的尺寸标注了。在 AutoCAD 软件中，常用的尺寸标注有：线性标注、对齐标注、弧长标注、半径 / 直径标注、角度标注等。下面将分别对其操作进行介绍。

1.　线性标注

线性标注是指标注图形对象在水平方向、垂直方向和旋转方向的尺寸。用户可通过以下方式来执行"线性"标注命令。

● 执行菜单栏中"标注"→"线性"命令。

● 在"默认"选项卡的"注释"面板中，单击"线性"按钮。

● 在"注释"选项卡的"标注"面板中，同样单击"线性"按钮。

执行"线性"命令后，用户可根据命令行提示的信息，捕捉图形的第 1 个标注点，然后捕捉图形第 2 个标注点，如图 5-82 所示。捕捉完成后，移动光标并指定好尺寸线位置即可，如图 5-83、图 5-84 所示。

命令行提示信息如下：

```
命令：_dimlinear
指定第一个尺寸界线原点或 <选择对象>：                      （捕捉标注起始点）
指定第二条尺寸界线原点：                              （捕捉标注第2点）
指定尺寸线位置或 [多行文字(M)/文字(T)/角度(A)/水平(H)/垂直(V)/旋转(R)]：（指定尺寸线位置）
标注文字 = 1650
```

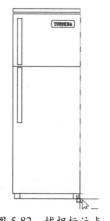

图 5-82　捕捉标注点

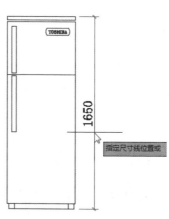
图 5-83　指定尺寸线位置

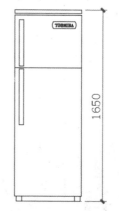
图 5-84　标注结果图

2.　对齐标注

对齐标注是指尺寸线平行于尺寸界线原点连成的直线，它是线性标注尺寸的一种特殊形式。用户可通过以下方法执行"对齐标注"命令。

● 执行菜单栏中"标注"→"对齐"命令。

● 在"默认"选项卡的"注释"面板中，单击"线性"下拉按钮，选择"对齐"选项。

● 在"注释"选项卡的"标注"面板中，同样单击"线性"下拉按钮，选择"对齐"选项。

执行"对齐"命令后，用户可根据命令行提示的信息，捕捉图形第 1 个标注点，然后捕捉图形第 2 个标注点，如图 5-85 所示。捕捉完成后，移动光标并指定好尺寸线位置即可，如图 5-86 所示。

命令行提示的信息如下：

```
命令：_dimaligned
指定第一个尺寸界线原点或 <选择对象>：              （捕捉标注起始点）
指定第二条尺寸界线原点：                          （捕捉标注第2点）
指定尺寸线位置或[多行文字(M)/文字(T)/角度(A)]：    （指定尺寸线位置）
标注文字 = 9954
```

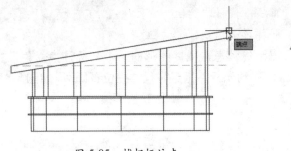

图 5-85　捕捉标注点

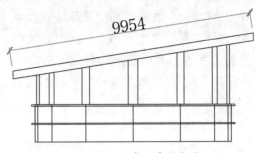

图 5-86　指定尺寸线位置

3. 弧长标注

弧长标注用于测量圆弧或多段线弧线段上的距离，它可标注圆弧或半圆的尺寸。用户可通过以下方式执行"弧长"命令。

- 执行菜单栏中"标注"→"弧长"命令。
- 在"默认"选项卡的"注释"面板中，单击"线性"下拉按钮，选择"弧长"选项 ⌒。
- 在"注释"选项卡的"标注"面板中，同样单击"线性"下拉按钮，选择"弧长"选项。

执行"弧长"命令后，用户可以根据命令行提示的信息，选择所需标注的圆弧，如图 5-87 所示。然后移动光标并指定好尺寸线位置即可，如图 5-88 所示。

命令行提示的信息如下：

```
命令：_dimarc
选择弧线段或多段线圆弧段：                                        （选择弧线段）
指定弧长标注位置或 [多行文字(M)/文字(T)/角度(A)/部分(P)/引线(L)]：    （指定标注位置）
标注文字 = 1165
```

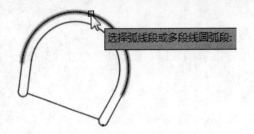

图 5-87　选择弧线

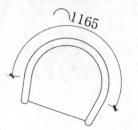

图 5-88　标注弧线

4. 半径、直径标注

半径和直径标注用于标注圆和圆弧的半径和直径尺寸，并显示前面带有字母"R"和直径符号的标注文字。用户可以通过以下方法执行半径和直径命令。

● 执行菜单栏中"标注"→"半径、直径"命令。

● 在"默认"选项卡的"注释"面板中，单击"线性"下拉按钮，选择"半径"或"直径"选项。

● 在"注释"选项卡的"标注"面板中，同样单击"线性"下拉按钮，选择"半径"或"直径"选项。

执行"半径"或"直径"标注命令，根据命令行的提示，选中所需的圆形，其后指定标注所在的位置即可，如图 5-89、图 5-90 所示。

命令行提示的信息如下：

命令: _dimdiameter
选择圆弧或圆: （选择所需的圆或圆弧）
标注文字 = 1200
指定尺寸线位置或 [多行文字(M)/文字(T)/角度(A)]:   （指定标注线位置）

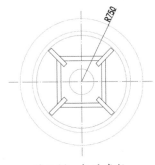

图 5-89　标注半径

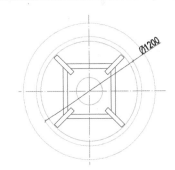

图 5-90　标注直径

5. 角度标注

角度标注用于标注圆和圆弧的角度、两条非平行线之间的夹角或者不共线的三点之间的夹角。用户可通过以下方式执行角度标注操作。

● 执行菜单栏中"标注"→"角度"命令。

● 在"默认"选项卡的"注释"面板中，单击"线性"下拉按钮，选择"角度"选项△。

● 在"注释"选项卡的"标注"面板中，同样单击"线性"下拉按钮，选择"角度"选项。

执行"角度"命令后，用户可以根据命令行提示的信息，选择第 1 条夹角边线，然后选择第 2 条夹角边线，完成后，移动光标并指定好尺寸线位置即可。

命令行提示的信息如下：

命令: _dimangular
选择圆弧、圆、直线或 <指定顶点>:   （选择第1条夹角线段）
选择第二条直线: （选择第2条夹角线段）
指定标注弧线位置或 [多行文字(M)/文字(T)/角度(A)/象限点(Q)]:   （指定角度标注位置）
标注文字 = 56

6. 连续标注

连续标注是指连续的进行线性标注，每个连续标注都从前一个标注的第二条尺寸界线处开始。用户可通过以下方式执行连续标注操作。

● 执行菜单栏中"标注"→"连续"命令。

● 在"注释"选项卡的"标注"面板中，单击"连续"按钮|⊪⊪。

执行"连续"命令，根据命令行提示，选择上一个线性标注线，然后连续捕捉下一个标注点，如图 5-91 所示。直到捕捉最后一个标注点为止，即可完成连续操作，结果如图 5-92 所示。

命令行提示如下：

```
命令：_dimcontinue
选择连续标注：                                    （选择上一个标注线）
指定第二个尺寸界线原点或 [选择(S)/放弃(U)] <选择>：    （捕捉下一个标注点，直到结束）
标注文字 = 56
指定第二个尺寸界线原点或 [选择(S)/放弃(U)] <选择>：
标注文字 = 448
指定第二个尺寸界线原点或 [选择(S)/放弃(U)] <选择>：
标注文字 = 116
指定第二个尺寸界线原点或 [选择(S)/放弃(U)] <选择>：
```

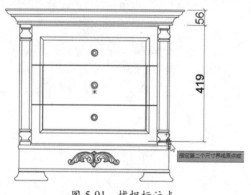

图 5-91　捕捉标注点

图 5-92　连续标注结果

7. 基线标注

基线标注是从一个标注或选定标注的基线各创建线性、角度或坐标标注。系统会使每一条新的尺寸线偏移一段距离，以避免与前一段尺寸线重合。

用户可通过以下方式执行连续标注操作。

● 执行菜单栏中"标注"→"基线"命令。

● 在"注释"选项卡的"标注"面板中，单击"基线"按钮⊟。

执行"基线"命令，根据命令行提示，同样选择一个线性标注线，然后连续捕捉下一个标注点，如图 5-93 所示。直到捕捉最后一个标注点为止，即可完成操作，结果如图 5-94 所示。

命令行提示的信息如下：

```
命令：_dimbaseline
选择基准标注：                                    （选择线性标注基准界线）
```

指定第二个尺寸界线原点或 ［选择(S)/放弃(U)］ <选择>： （捕捉下一个标注点，直到结束）
标注文字 = 577
指定第二个尺寸界线原点或 ［选择(S)/放弃(U)］ <选择>：
标注文字 = 670
指定第二个尺寸界线原点或 ［选择(S)/放弃(U)］ <选择>：

图 5-93　捕捉第二个标注点　　　　　　　　图 5-94　基线标注结果

知识拓展

　　　　在进行基线标注时，通常需要调整各基线标注之间的间距值，这样才能够看清楚标注的尺寸。用户只需打开"标注样式管理器"对话框，单击"修改"按钮，在"修改标注样式"对话框的"线"选项卡中，设置"基线间距"参数，单击"确定"按钮即可。

5.6.3　编辑尺寸标注

　　下面将为用户介绍标注对象的编辑方法，其中包括编辑尺寸标注和编辑标注文本的位置。

1. 编辑尺寸标注

　　使用编辑标注命令可以改变尺寸文本或者强制尺寸界线旋转一定的角度。在命令行中输入快捷命令 DED 并按回车键，根据命令提示进行编辑标注操作，命令行提示内容如下：

命令：DED DIMEDIT
输入标注编辑类型 ［默认(H)/新建(N)/旋转(R)/倾斜(O)］ <默认>：

2. 编辑标注文本的位置

　　编辑标注文字命令可以改变标注文字的位置或是放置标注文字。通过下列方法可执行编辑标注文字命令。

- 执行"标注"→"对齐文字"命令下的子命令。
- 在命令行中输入 DIMTEDIT 命令，然后按回车键。

　　执行以上任意一种操作后，可根据命令行中的提示信息进行操作。命令行提示内容如下：

命令：DIMTEDIT
选择标注：
为标注文字指定新位置或〔左对齐(L)/右对齐(R)/居中(C)/默认(H)/角度(A)〕：

知识拓展

除了以上介绍的尺寸编辑操作外，还可进行标注代替操作。当少数尺寸标注与其他大多数尺寸标注在样式上有差别时，若不想创建新的标注样式，可以创建标注样式替代。打开"标注样式管理器"对话框，选中要代替的标注样式，单击"替代"按钮，在打开的"替代标注样式"对话框中，根据需要设置相关参数即可。

5.6.4 设置引线样式

在向 AutoCAD 图形添加多重引线时，单一的引线样式往往不能满足设计的要求，这就需要预先定义新的引线样式，即指定基线、引线、箭头和注释内容的格式，用于控制多重引线对象的外观。

通过"多重引线样式管理器"对话框可创建并设置多重引线样式，用户可以通过以下方法调出该对话框。

- 执行"格式"→"多重引线样式"命令。
- 在"默认"选项卡的"注释"面板中，单击"多重引线样式"按钮。
- 在"注释"选项卡的"引线"面板中，单击右下角箭头。
- 在命令行中输入 MLEADERSTYLE 命令，按回车键。

执行以上任意一种操作后，均可打开如图 5-95 所示的"多重引线样式管理器"对话框。单击"新建"按钮，打开"创建新多重引线样式"对话框，从中输入样式名并选择基础样式，如图 5-96 所示。单击"继续"按钮，即可在打开的"修改多重引线样式"对话框中对各选项卡进行详细的设置。

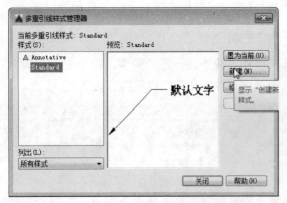

图 5-95 "多重引线样式管理器"对话框

图 5-96 输入新样式名

5.6.5 添加引线标注

在 AutoCAD 软件中，可以通过以下方式添加引线标注。

● 执行"标注"→"多重引线"命令。

● 在"默认"选项卡的"注释"面板中,单击"引线"按钮 /⁰。

● 在"注释"选项卡的"引线"面板中,单击"多重引线"按钮。

● 在命令行中输入 MIEADER 命令后按回车键。

执行以上任意一种操作,都可启动引线标注命令。用户只需根据命令行中的提示信息,先在绘图区中指定好引线起点,其后指定引线位置,最后在光标处输入注释内容,单击空白处,完成添加操作,如图 5-97、图 5-98 所示。

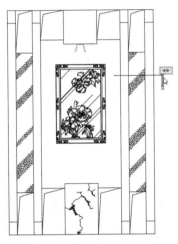 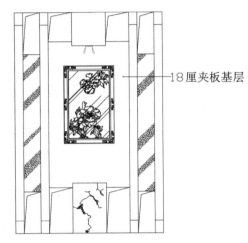

18厘夹板基层

图 5-97　指定引线位置　　　　　　　图 5-98　输入注释内容

综合演练　绘制鞋柜立面图

实例路径: 实例 \CH05\ 综合演练 \ 绘制鞋柜立面图 .dwg

视频路径: 视频 \CH05\ 绘制鞋柜台立面图 .avi

在学习本章知识内容后,下面将通过具体案例练习来巩固所学的知识。本实例运用到的命令有:矩形、偏移、修剪、图案填充、插入块、尺寸标注以及引线标注等。

Step 01 执行"REC(矩形)"命令,绘制长2750mm,宽 1540mm 的长方形,并将其进行分解操作,结果如图 5-99 所示。

Step 02 执行"O(偏移)"命令,将长方形右侧边线向左进行偏移,将长方形上边线,向下进行偏移,偏移距离如图 5-100 所示。

Step 03 执行"TR(修剪)"命令,将偏移后的图形进行修剪操作,其结果如图 5-101 所示。

Step 04 执行"REC(矩形)"命令,绘制长1000mm,宽 900mm 的长方形,并将其进行分解,

放置图形至合适位置,作为鞋柜轮廓线,如图 5-102所示。

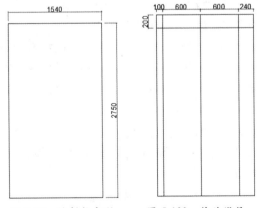

图 5-99　绘制长方形　　　图 5-100　偏移线段

Step 05 执行"O(偏移)"命令,将轮廓线进行偏移,

其尺寸如图 5-103 所示。

Step 06 执行 "TR（修剪）" 命令，将图形进行修剪操作，结果如图 5-104 所示。

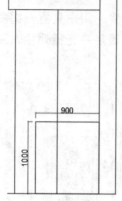

图 5-101　修剪线段　　　图 5-102　绘制鞋柜轮廓线

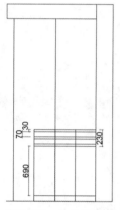
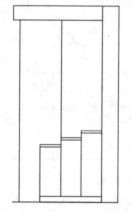

图 5-103　偏移轮廓线　　图 5-104　修剪偏移的线段

Step 07 执行 "A（圆弧）" 命令，绘制弧线，作为鞋柜台面转角，其后执行 "TR（修剪）" 命令，删除多余的直线，结果如图 5-105 所示。

Step 08 执行 "L（直线）" 命令，捕捉鞋柜左侧边线中点，绘制中心线，并将其向两边各偏移 5mm、40mm 和 10mm，其后删除中心线，结果如图 5-106 所示。

Step 09 选中偏移后的线段，在 "特性" 面板中，单击 "对象颜色" 下拉按钮，设置好线段颜色，结果如图 5-107 所示。

Step 10 执行 "H（图案填充）" 命令，在 "图案" 面板中，选择 "AR-RROOF" 图案样式，并将其填充比例设为 5，填充角度设为 45，设置好图案的颜色，

选择玻璃图形进行填充，如图 5-108 所示。

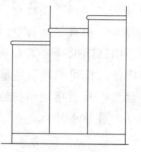
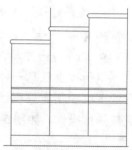

图 5-105　绘制弧线　　　图 5-106　偏移中心线

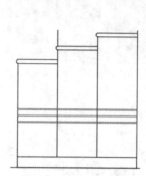
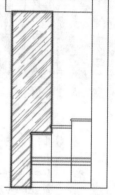

图 5-107　设置线段颜色　　图 5-108　填充玻璃图形

Step 11 同样执行 "H（图案填充）" 命令，将填充图案样式设为 "AR-CONC"，填充比例为 0.5，将墙体进行填充，结果如图 5-109 所示。

Step 12 再次执行 "H（图案填充）" 命令，将填充图案样式设为 "ANSI31"，填充比例为 5，将吊顶进行填充，结果如图 5-110 所示。

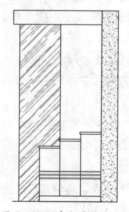
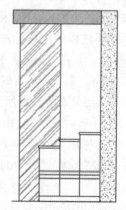

图 5-109　填充墙体图形　　图 5-110　填充吊顶图形

Step 13 执行 "格式" → "标注样式" 命令，打开

"标注样式管理器"对话框,单击"修改"按钮,打开"修改标注样式"对话框,切换到"线"选项卡,将"尺寸线""尺寸界线"颜色均设置为红色,将"超出尺寸线"设为50,将"起点偏移量"设为100,如图5-111所示。

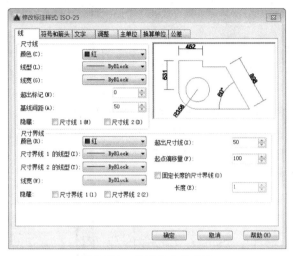

图 5-111　设置尺寸线颜色

Step 14　切换到"符号和箭头"选项卡,设置箭头样式为"小点",设置"箭头大小"为50。切换到"文字"选项卡,将"文字高度"设为80,结果如图5-112所示。

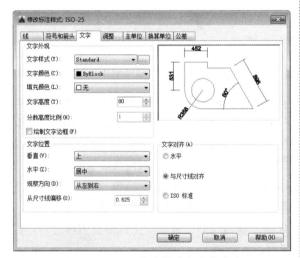

图 5-112　设置箭头样式与文字高度

Step 15　切换到"调整"选项卡,调整文字和箭头位置,结果如图5-113所示。

Step 16　切换到"主单位"选项卡,将"精度"设为0,

单击"确定"按钮,返回上一层对话框,单击"置为当前"按钮,完成尺寸样式的设置操作,如图5-114所示。

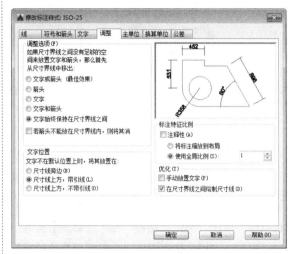

图 5-113　调整文字位置

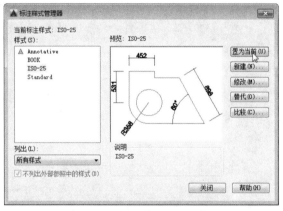

图 5-114　完成尺寸样式设置

Step 17　在"注释"选项卡的"标注"面板中,单击"线性"按钮,标注鞋柜踢脚线尺寸,如图5-115所示。

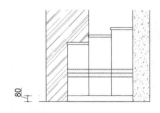

图 5-115　标注鞋柜踢脚线尺寸

Step 18　单击"连续"按钮,标注剩余尺寸,再次单击"线性"按钮,标注鞋柜总尺寸,如图5-116所示。

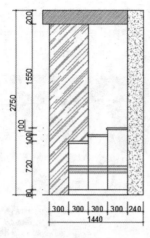

图 5-116　标注鞋柜剩余尺寸

Step 19 执行"I（插入块）"命令，在"插入"对话框中，单击"浏览"按钮，在"选择图形文件"对话框中，选择"盆栽图块.dwg"，单击"打开"按钮，如图 5-117 所示。

图 5-117　选择盆栽图块

Step 20 返回至"插入"对话框，单击"确定"按钮，如图 5-118 所示。

知识拓展

在 AutoCAD 软件中，在"插入"选项卡的"块"面板中，单击"插入"按钮，有时会打开其下拉列表，此时，在该列表中显示的图块，则是当前图纸中所创建的内部图块。如果是新建的图形文件，在"插入"命令下方则不会显示其列表。

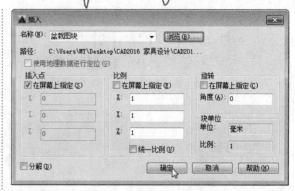

图 5-118　插入盆栽图块

Step 21 在鞋柜合适位置，指定盆栽图块位置，完成图块的插入操作，按照同样的操作方法，将雕塑、筒灯图块插入至图形中，结果如图 5-119 所示。

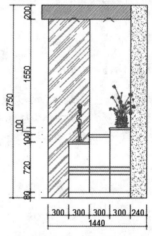

图 5-119　插入图块

Step 22 执行"格式"→"多重引线样式"命令，打开"多重引线样式管理器"对话框，单击"修改"按钮，在"修改多重引线样式"对话框的"引线格式"选项卡中，设置引线颜色为红色，设置箭头大小为 80，切换到"内容"选项卡，将"文字高度"设为 80，单击"确定"按钮，返回上一层对话框，单击"置为当前"按钮，完成多重引线设置，如图 5-120 所示。

Step 23 在"注释"选项卡的"引线"面板中，单击"多重引线"按钮，根据命令行提示，指定引线的起始点与引线位置，如图 5-121 所示。其后在文字编辑器中，输入注释内容。

图 5-120　设置多重引线格式样式

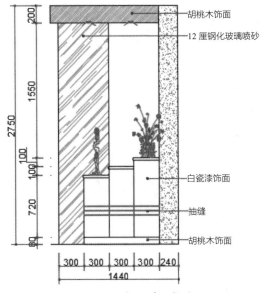

图 5-122　标注其他材质

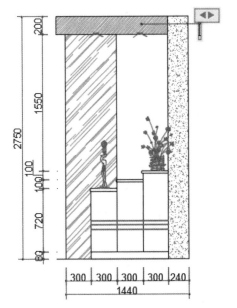

图 5-121　指定引线位置

Step 24 按照同样的操作方法，标注鞋柜其他材料注释内容，结果如图 5-122 所示。至此，完成鞋柜立面图的绘制操作。

知识拓展

一般鞋柜尺寸高度不要超过 800mm，宽度是根据所利用的空间宽度合理划分；深度是家里最大码的鞋子长度，通常尺寸在 300~400mm 之间。很多人买鞋，不喜欢把鞋盒丢掉，直接将鞋盒放进鞋柜里面。那么这样的话，鞋柜深度尺寸就在 380~400mm 之间，在设计规划及定制鞋柜前，一定要先丈量好使用者的鞋盒尺寸作为鞋柜深度尺寸依据。若还想在鞋柜里面摆放其他的一些物品，如吸尘器、苍蝇拍等，深度则必须在 400mm 以上才能满足使用需求。

上机操作

为了让读者能够更好地掌握本章所学习到的知识，下面将列举两个操作题来对本章内容进行巩固。

1. 标注圆形餐桌平面图

利用"对齐""半径""标注样式""多重引线样式""多重引线"命令对圆形餐桌图形进行标注，如图 5-123 所示。

⚠ **操作提示：**

Step 01 执行"标注样式"命令，设置尺寸标注样式。

Step 02 执行"对齐"和"半径"命令，标注餐桌、座椅图形。

Step 03 执行"多重引线样式"命令，设置引线样式。

Step 04 执行"多重引线"命令，对餐桌及座椅材质进行注释。

2. 创建门图块

利用"矩形""图案填充""偏移""创建块""线性"及"多重引线"等命令，创建门立面图块，如图 5-124 所示。

⚠ **操作提示：**

Step 01 执行"矩形""偏移""图案填充"等命令，绘制门立面图形。

Step 02 执行"创建块"命令，将门图形创建成图块。

Step 03 执行"线性"和"多重引线"命令，对门图块进行标注。

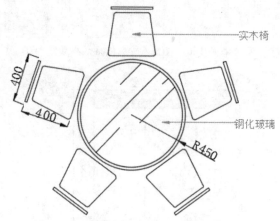

图 5-123 标注圆形餐桌平面图

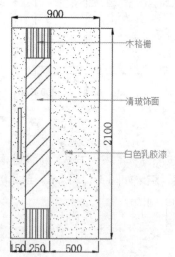

图 5-124 门立面图块

第**6**章

输出与打印家具图纸

图纸绘制完成后，为了方便用户查看，可将图纸进行输出或打印操作。图形的输出是整个设计过程的最后一步，它可将设计的成果显示在图纸上。在 AutoCAD 中，用户可以根据需要，将图纸输出成各种类型的文件，例如 JPG、BMP、PDF 等。

知识要点

▲ 图形的输入与输出

▲ 创建与设置布局视口

▲ 设置打印参数

6.1 输入与输出图纸

在 AutoCAD 2016 中，用户可以将绘制完的图纸按照所需格式输出，也可以将其他应用软件的文件导入该软件中。下面将介绍其具体的操作方法。

6.1.1 输入图形与插入 OLE 对象

用户可以将各种格式的文件输入到当前图形中。可以通过以下方法输入图纸。

● 执行"文件"→"输入"命令或执行"插入"→"Windows 图元文件"命令。

● 在"插入"选项卡的"输入"面板中，单击"输入"按钮 。

利用以上任意一种方式，都可以打开"输入文件"对话框，在该对话框的"文件类型"选项下，选择需要导入的文件格式，其后选择要导入的图形文件，单击"打开"按钮即可，如图6-1、图6-2所示。

绘图技巧

若要将 PDF 文件参考底图文件转换成 CAD 文件，可执行"插入"→"PDF 参考底图"命令，在"选择参照文件"对话框中，选择要调入的 PDF 文件，单击"打开"按钮，在"附着 PDF 参考底图"对话框的"从 PDF 文件选择一个或多个页面"列表中，选择要输入的 PDF 页面，单击"确定"按钮即可。

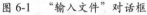

图 6-1　"输入文件"对话框

图 6-2　输入文件类型

　　如果要将文档或表格内容调入 AutoCAD 软件中，则可使用"OLE 对象"命令。执行"插入"→"OLE 对象"命令，在"插入对象"对话框中，选中"由文件创建"单选按钮，并单击"浏览"按钮，如图 6-3 所示。打开"浏览"对话框，在此选择要插入的文档，单击"打开"按钮，如图 6-4 所示。返回至上一层对话框，单击"确定"按钮即可将文档调入至 AutoCAD 中。

图 6-3　由文件创建

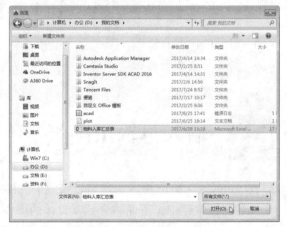

图 6-4　选择要插入的文档

实战——插入"图纸目录"电子表格

　　本例将运用"OLE 对象"命令，将"图纸目录"电子表格插入至 AutoCAD 中。

Step 01　执行"插入"→"OLE 对象"命令，打开"插入对象"对话框，选中"由文件创建"单选按钮，并单击"浏览"按钮，如图 6-5 所示。

Step 02　在"浏览"对话框中，选择"图纸目录"Excel 文件，选中"打开"按钮，如图 6-6 所示。

Step 03　返回至"插入对象"对话框，单击"确定"按钮，如图 6-7 所示。

Step 04　稍等片刻即可在绘图区中，显示插入的"图纸目录"电子表格，如图 6-8 所示。

Step 05　若要对其表格内容进行更改，则可双击该表格，系统将自动打开 Excel 软件，用户可在该软件中，对表格进行编辑操作，如图 6-9 所示。

Step 06 更改完毕后，关闭 Excel 软件，此时 AutoCAD 中的表格已发生了相应的变化，如图 6-10 所示。

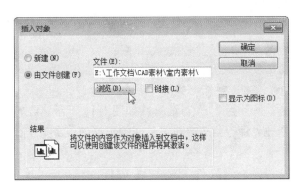

图 6-5 单击"浏览"按钮

图 6-6 选择相关文件

图 6-7 确认插入的文件

图 6-8 插入电子表格

图纸目录							
序号	图纸索引编号	图纸名称	页数	序号	图纸索引编号	图纸名称	页数
1				26			
2				27			
3				28			
4				29			
5				30			
6				31			
7				32			
8				33			
9				34			
10				35			
11				36			
12				37			
13				38			
14				39			
15				40			
16				41			
17				42			
18				43			
19				44			
20				45			
21				46			
22				47			
23				48			
24				49			
25				50			

图 6-9 更改表格内容

图 6-10 更改结果

章先生别墅住宅装修图纸目录							
序号	图纸索引编号	图纸名称	页数	序号	图纸索引编号	图纸名称	页数
1	P01	别墅一层平面布置图	1	26			
2	P02	别墅一层地面铺装图	1	27			
3	P03	别墅一层顶棚布置图	1	28			
4				29			
5				30			
6				31			
7				32			
8				33			
9				34			
10				35			
11				36			
12				37			
13				38			
14				39			
15				40			
16				41			
17				42			
18				43			
19				44			
20				45			
21				46			
22				47			
23				48			
24				49			
25				50			

6.1.2 输出图纸

用户要将 AutoCAD 图形对象保存为其他需要的文件格式以供其他软件调用，只需将对象以指定的文件格式输出即可。用户可通过以下方法将图纸进行输出操作。

● 单击文件图标按钮▲，在打开的下拉列表中，选择"输出"选项，并在打开的子菜单中，选择需要的文件格式选项，或选择"其他格式"选项。

● 在菜单栏中，执行"文件"→"输出"命令。

● 在"输出"选项卡的"输出为 DWF/PDF"面板中，单击"输出"按钮。

执行以上任意操作，都会打开"输出数据"或"另存为 **"对话框，如图 6-11 所示。在打开的对话框中，设置好输出文件类型及文件名称，单击"保存"按钮即可完成输出操作，如图 6-12 所示。

图 6-11 "输出数据"对话框

图 6-12 输出文件类型

实战——将橱柜立面图输出成 PDF 格式文件

本例将运用"输出"命令，将橱柜立面图转换成 PDF 格式文件。

Step 01 打开"橱柜立面图"素材文件，在"输出"选项卡的"输出为 DWF/PDF"面板中，单击"输出"按钮，如图 6-13 所示。

Step 02 在"另存为 PDF"对话框中，单击"输出"下拉按钮，选择"窗口"选项，如图 6-14 所示。

图 6-13 启动"输出"命令

图 6-14 设置输出模式

Step 03 在绘图区框选要输出的图纸范围，如图 6-15 所示。

Step 04 返回至"另存为 PDF"对话框，单击"页面设置"下拉按钮，选择"替代"选项，然后单击"页面设置替代"按钮，如图 6-16 所示。

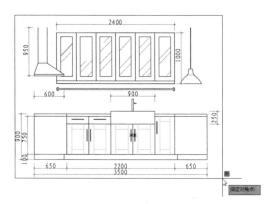

图 6-15　框选图纸范围

图 6-16　设置"替代"选项

Step 05 在"页面设置替代"对话框的"图形方向"选项组中，勾选"横向"单选按钮，单击"确定"按钮，如图 6-17 所示。

Step 06 返回至上一层对话框，设置好保存路径及文件名，单击"保存"按钮即可。双击保存的 PDF 文件，可以查看其输出效果，如图 6-18 所示。

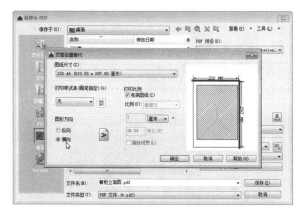

图 6-17　页面设置

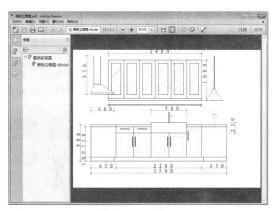

图 6-18　输出 PDF 文件

6.2　模型空间与图纸空间

在绘图工作中，可以通过 3 种方法来确认当前的工作空间，即图形坐标系图标的显示、图形选项卡的指示和系统状态栏的提示。

6.2.1　模型空间和图纸空间的概念

在 CAD 中，模型空间与图纸空间是两种不同的屏幕工作空间。其中，模型空间用于建立对

象模型，而图纸空间则用于将模型空间中生成的三维或二维对象按用户指定的观察方向正投射为二维图形，并且允许用户按需要的比例将图纸摆放在图形界限内的任何位置，如图6-19、图6-20所示。

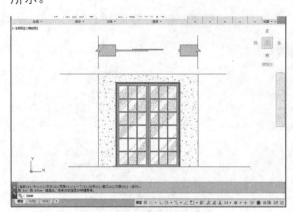

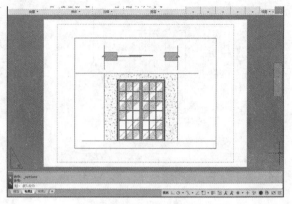

图 6-19　模型空间　　　　　　　　　　　　图 6-20　图纸空间

6.2.2　模型与图纸的切换

下面将介绍模型空间与图纸空间的切换方法。

1. 从模型空间向图纸空间的切换

- 将光标放置在文件选项卡上，然后选择"布局1"或"布局2"选项，如图6-21所示。
- 单击状态栏左侧"布局1"或"布局2"选项卡，如图6-22所示。
- 单击状态栏中的"模型"按钮 **模型**，该按钮会变为"图纸"按钮 **图纸**，如图6-23所示。

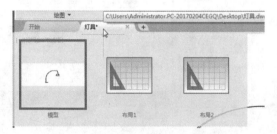

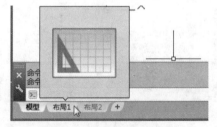

图 6-21　使用"文件选项卡"选择　　　　　　图 6-22　单击相关命令切换

图 6-23　"模型"切换至"图纸"

2. 从图纸空间向模型空间的切换

- 将光标放置在文件选项卡上，然后选择"模型"。
- 单击绘图窗口左下角的"模型"选项卡。
- 单击状态栏中的"图纸"按钮 **图纸**，该按钮变为"模型"按钮 **模型**。
- 在命令行中输入MSPACE命令按Enter键，可以将布局中最近使用的视口置为当前活动视口，在模型空间工作。

● 在存在视口的边界内部双击鼠标左键，激活该活动视口，进入模型空间。

6.3　布局视口

在操作过程中，用户可在布局空间中创建多个布局视口，以便显示模型的不同视图。在布局空间中创建视口时，可以确定视口的大小，并且可以将其定位于布局空间的任意位置。

6.3.1　创建布局视口

切换至图纸空间，在"布局"选项卡的"布局视口"面板中，单击"矩形"按钮，在布局界面中，指定视口起始点，按住鼠标左键拖动鼠标至满意位置，放开鼠标即可完成视口的创建，如图 6-24 所示。按照同样的创建方法，可创建出多个视口，如图 6-25 所示。

知识拓展

AutoCAD 软件中，默认有 2 个布局页面，如果在使用过程中，这 2 个布局页面不能满足用户需求，可使用"新建"命令，创建新的布局页面。其方法为：切换至图纸空间，在"布局"选项卡的"布局"面板中，单击"新建"按钮，在打开的下拉列表中，选择"新建布局"选项，其后根据命令行中的提示，输入新布局名称，按回车键即可完成布局页面的创建操作。当然，也可以选择"从样板"进行创建，选择该选项后，在打开的"从文件选择样本"对话框中，选择所需的样本文件，单击"打开"按钮，在"插入布局"对话框中，选择现有的布局，单击"确定"按钮即可。

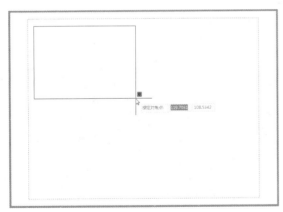

图 6-24　创建单个视口

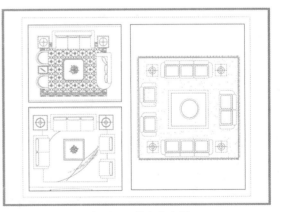

图 6-25　创建多个视口

实战——创建 3 个布局视口

本例将以休息区立面图纸为例，来介绍布局口的创建操作。

Step 01 打开"休息区立面图"素材文件,单击状态栏左侧"布局 1"选项卡,切换至图纸空间,如图 6-26 所示。

Step 02 选中默认视口,按 Delete 键将其删除。在"布局"选项卡的"布局视口"面板中,单击"矩形"按钮,在布局界面中,使用鼠标拖曳的方法,绘制一个方形视口,如图 6-27 所示。

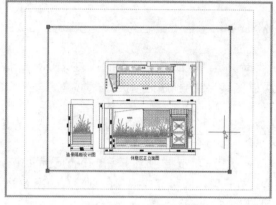

图 6-26 切换图纸空间

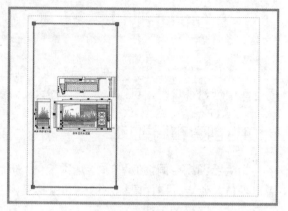

图 6-27 绘制第 1 个视口

Step 03 将光标移至视口中,双击该视口,当视口边线呈加粗状态时,则转换至模型空间,滚动鼠标中键,放大图形,其后按住鼠标中键平移图形,将"造景隔断设计图"图形显示在该视口中,如图 6-28 所示。

Step 04 双击视口外任意一点,此时,视口边线恢复细实线,而该视口内的图形已被锁定。使用鼠标拖曳的方法,绘制其他两个视口,如图 6-29 所示。

知识拓展

在 AutoCAD 软件中,用户可对布局页面大小进行自定义操作。其方法为:在"布局"选项卡的"布局"面板中,单击"页面设置"按钮,打开"页面设置管理器"对话框,选择要设置的布局名,单击"修改"按钮,在打开的"页面设置"对话框中,单击"图纸尺寸"下拉按钮,选择满意的尺寸选项卡,单击"确定"按钮,返回上一层对话框,单击"置为当前"按钮即可完成自定义操作。

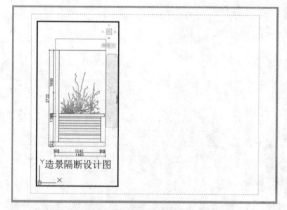

图 6-28 缩放视口中的图形

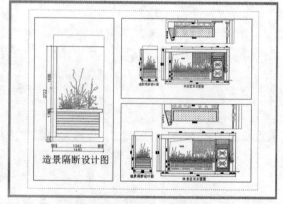

图 6-29 绘制其他两个视口

Step 05 双击上方视口,当视口边线呈加粗状态时,使用鼠标中键平移图形,将平面图形显示在该视口中,双击视口外一点，锁定视口，如图 6-30 所示。

Step 06 按照同样的方法，将休息区立面图显示在下方视口中，如图 6-31 所示。

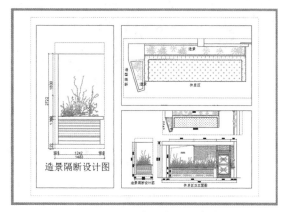

图 6-30　设置第 2 个视口内容

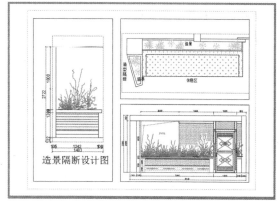

图 6-31　设置第 3 个视口内容

6.3.2　设置布局视口

布局视口创建好后，如果对其视口不满意，可以进行编辑操作。例如调整视口大小、删除复制视口、隐藏 / 显示视口等。

1. 调整视口大小

想要对视口的大小进行调整，可单击所需视口，并选择视口的显示夹点，当夹点呈红色显示时，按住鼠标左键不放，拖动夹点至满意位置，放开鼠标即可，如图 6-32、图 6-33 所示。

绘图技巧

在绘图过程中，用户可以使用复制命令，复制视口。其方法为：选中要复制的视口，并指定好视口的复制基点，移动光标指定新基点，按回车键即可完成视口的复制操作。需要注意的是，复制后的视口右侧不显示缩放工具和平移工具，所以不能选择缩放模式。用户只能使用鼠标中键进行缩放或平移操作。

图 6-32　拖动夹点至满意位置

图 6-33　完成调整操作

2. 隐藏／显示视口内容

对布局视口进行隐藏或显示操作，可以有效地减少视口数量，节省图形重生时间。在布局界面中，选中要隐藏的视口，单击鼠标右键，在弹出的快捷菜单中，选择"显示视口对象"→"否"命令，即可隐藏视口，如图 6-34、图 6-35 所示。

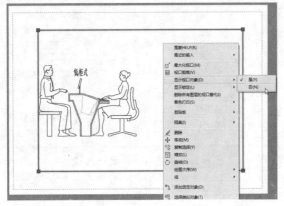

图 6-34　隐藏视口内容

图 6-35　隐藏结果

视口内容被隐藏后，如果需要将其显示，可在右键菜单中，选择"显示视口对象"→"是"命令即可显示视口内容。

6.4　打印图纸

在模型空间中图形绘制完毕后，便可以打印出图了。在打印之前，有必要按照当前设置，在"布局"模式下进行打印预览。通过以下方式可执行打印设置操作。

● 执行"文件"→"打印"命令。
● 在快速访问工具栏中，单击"打印"按钮 🖨 。
● 在"输出"选项卡的"打印"面板中，单击"打印"按钮。
● 在命令行中输入 PLOT 命令按回车键。

执行以上任意一种命令，都可以打开"打印 - 模型"对话框，在该对话框中，用户可以对图纸尺寸、打印方向、打印区域以及打印比例等参数进行设置，如图 6-36 所示。

待打印参数设置完成后，单击"预览"按钮，在打开的预览视图中，则可预览打印的图纸，单击鼠标右键，在打开的快捷菜单中，选择"打印"选项即可打印，如图 6-37 所示。若需修改，按 Esc 键，返回至打印对话框，重新设置参数。

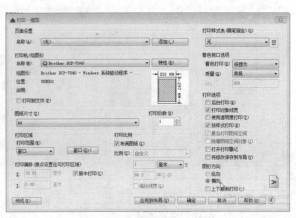

图 6-36　设置打印参数

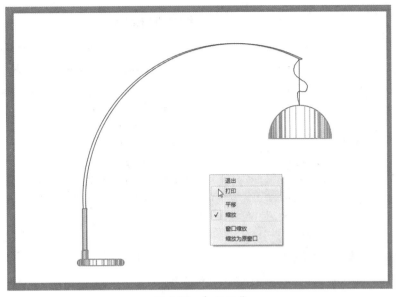

图 6-37　打印预览

综合演练　将办公桌图纸保存成 JPG 格式文件

实例路径：实例 /CH06/ 综合演练 / 将办公桌图纸保存成 JPG 格式文件
视频路径：视频 /CH06/ 将办公桌图纸保存成 JPG 格式文件 .avi

在学习本章知识内容后，下面将通过具体案例练习来巩固所学的知识。本实例运用到的命令有：打印和输出命令等。

Step 01　打开"办公组合平面图"素材文件。执行"文件"→"打印"命令，打开"打印 - 模型"对话框，在"打印机 / 绘图仪"选项组中，单击"名称"下拉按钮，选择 PublishToWeb JPG.pc3 选项，如图 6-38 所示。

图 6-38　选择打印参数

Step 02　在打开的提示框中，选择第 1 个选项，如图 6-39 所示。

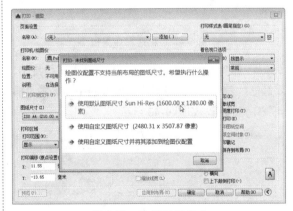

图 6-39　选择图纸尺寸

Step 03　单击"图纸尺寸"下拉按钮，选择"Sun Hi-Res（1600.00×1280.00 像素）"选项，单击"打印范围"下拉按钮，选择"窗口"选项，如图 6-40 所示。

Step 04　在绘图区中，框选要打印的区域，完成后，

系统自动打开"打印 - 模型"对话框，如图 6-41
所示。

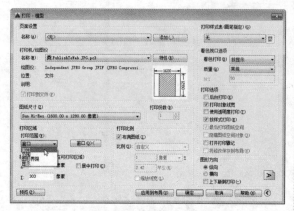

图 6-40　选择打印模式

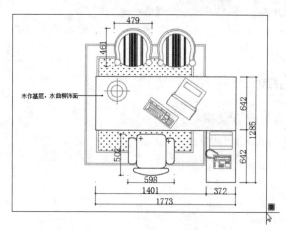

图 6-41　框选打印范围

Step 05 在"打印偏移"选项组中，勾选"居中打印"
复选框，其后在"图形方向"选项组中，选中"横
向"单选按钮，如图 6-42 所示。

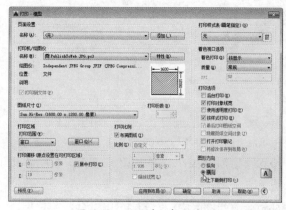

图 6-42　设置其他打印参数

绘图技巧

"打印 - 模型"对话框默认是不显示"打
印样式表""着色视口选项""打印选项"
以及"打印方向"这些参数的，用户只需在
对话框右下角，单击"更多选项"按钮 ⊙ ，
即会显示。

Step 06 单击"预览"按钮，打开预览界面，在此
用户可对图纸进行浏览，如图 6-43 所示。

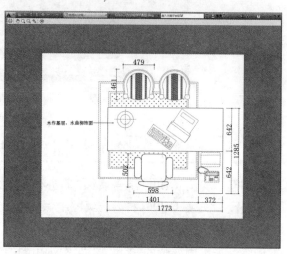

图 6-43　预览打印

Step 07 按 Esc 键，返回至对话框，单击"确定"按钮，
在"浏览打印文件"对话框中，设置好保存路径及
文件名，单击"保存"按钮即可，如图 6-44 所示。

图 6-44　保存 JPG 格式

Step 08 双击保存好的 JPG 格式的文件后，系统则

以图片形式打开该图纸，如图 6-45 所示。

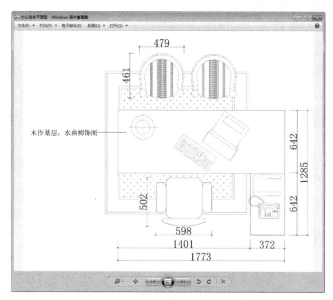

图 6-45　查看结果

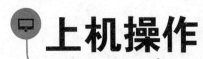

为了让读者能够更好地掌握本章所学习到的知识，下面将列举两个操作题来对本章内容进行巩固。

1. 将餐桌立面图保存成 PDF 格式的文件。

利用"输出"命令，将餐桌图形以 PDF 格式文件保存，如图 6-46 所示。

图 6-46　立面餐桌图形

⚠️ **操作提示：**

Step 01 执行"输出"→"PDF"命令，打开"另存为 PDF"对话框。

Step 02 设置"输出"和"页面设置"参数，并设置好文件名及文件类型，单击"保存"按钮。

2. 根据会议室平立面图，创建 3 个布局视口

利用创建布局视口功能，将会议室平立面图在图纸空间中，创建 3 个布局视口，如图 6-47 所示。

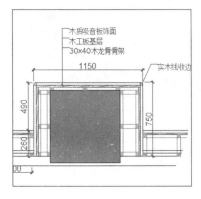
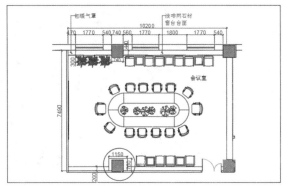
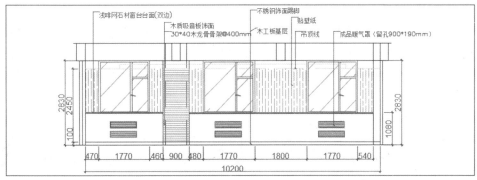

图 6-47 创建布局视口

⚠ **操作提示：**

Step 01 ▷ 切换到图纸空间，删除默认视口。

Step 02 ▷ 在"布局"选项卡中，执行"矩形"命令，创建 3 个矩形视口。

Step 03 ▷ 使用缩放和平移命令，调整各视口显示的图形。

第**7**章

绘制三维家具模型

AutoCAD 软件不仅能够绘制出漂亮的二维图形，还可以运用三维命令绘制出精美的三维模型图。本章将介绍三维图形最基本的设置操作，其中包括三维视图样式的设置、三维坐标的设置、系统变量的设置及三维动态显示设置。用户需熟练掌握这些基本的三维操作，为以后绘制三维模型打下良好的基础。

知识要点

▲ 三维建模坐标系设置   ▲ 创建基本三维实体

▲ 三维视图样式的设置   ▲ 二维图形生成三维实体

7.1 三维建模的要素

绘制三维图形最基本的要素为：三维坐标和三维视图。通常在创建实体模型时，需使用到三维坐标设置功能。而在查看模型各角度造型是否完善时，则需使用到三维视图功能。总之，这两个基本要素缺一不可。

7.1.1 创建三维坐标系

在绘制三维模型之前，需要调整好当前的绘图坐标。在 AutoCAD 中三维坐标可分为两种：世界坐标系和用户坐标系。其中，世界坐标系为系统默认坐标系。它的坐标原点和方向为固定不变的。用户坐标系是可以根据绘图需求改变坐标原点和方向的，其使用起来较为灵活。

1. 世界坐标系

世界坐标系表示方法包括直角坐标、圆柱坐标以及球坐标 3 种类型。

（1）直角坐标。

该坐标又称为笛卡儿坐标，用 X、Y、Z 三个正交方向的坐标值来确定精确位置。而直角坐标可分为两种输入方法：绝对坐标值和相对坐标值。

绝对坐标值的输入形式是：X，Y，Z。用户可直接输入 X、Y、Z 三个坐标值，并用逗号将其隔开。例如 70，30，90。

相对坐标值的输入形式是：@X，Y，Z。其中输入点的坐标表示该点与上一点之间的距离，在输入点坐标前需要添加 "@" 相对符号。例如 @70，20，40。该坐标点表示相对于上一点的 X、Y、Z 三个坐标值的增量分别为 70，20，40。

（2）圆柱坐标。

用圆柱坐标确定空间一点的位置时，需要指定该点在 XY 平面内的投影点与坐标系原点的距离、投影点与 X 轴的夹角以及该点的 Z 坐标值。绝对坐标值的输入形式为：XY 平面距离 <XY 平面角度，Z 坐标；相对坐标值的输入形式为：@XY 平面距离 <XY 平面角度，Z 坐标。

（3）球坐标。

用球坐标确定空间一点的位置时，需要指定该点与坐标原点的距离，该点和坐标系原点的连线在 XY 平面上的投影与 X 轴的夹角，该点和坐标系原点的连线与 XY 平面形成的夹角。绝对坐标值的输入形式是：XYZ 距离 < 平面角度 < 与 XY 平面的夹角；相对坐标值的输入形式是：@XYZ 距离 < 与 XY 平面的夹角。

2．用户坐标系

顾名思义，用户坐标系是用户自定义的坐标系。该坐标系的原点可指定空间任意一点，同时可采用任意方式旋转或倾斜其坐标轴。在命令行中输入 UCS 命令后按回车键，根据命令行中的提示，指定好 X、Y、Z 轴方向，即可完成设置，如图 7-1、图 7-2、图 7-3 所示。

命令行提示如下：

```
命令：UCS
当前 UCS 名称：*世界*
指定 UCS 的原点或 [面(F)/命名(NA)/对象(OB)/上一个(P)/视图(V)/世界(W)/X/Y/Z/Z 轴(ZA)]
<世界>：                              （指定新的坐标原点）
指定 X 轴上的点或 <接受>：<正交 开>    （移动光标，指定x轴方向）
指定 XY 平面上的点或 <接受>：          （移动光标，指定Y轴方向）
```

图 7-1 指定 X 轴　　　　图 7-2 指定 Y 轴　　　　图 7-3 完成坐标定义

7.1.2 设置三维视点

使用三维视点有助于用户从各个角度来查看绘制的三维模型。AutoCAD 软件提供了多个特殊三维视点，例如俯视、左视、右视、仰视、西南等轴测等。当然用户也可以自定义三维视点来查看模型。

用户可以使用以下两种方法来根据绘图需要创建三维视点。一种是利用"视点"命令进行

设置，而另一种则是利用"视点预设"对话框进行设置。

（1）使用"视点"命令设置。

"视点"命令用于设置窗口的三维视图的查看方向，使用该方法设置视点是相对于世界坐标系而言的。执行"视图"→"三维视图"→"视点"命令，此时在绘图区中则会显示坐标球和三轴架，如图7-4所示。将光标移至坐标球上，并指定好视点位置，即可完成视点的设置。在移动光标时，三轴架会随着光标的移动而发生变化，如图7-5所示。

（2）使用"视点预设"命令设置。

执行"视图"→"三维视图"→"视点预设"命令，在"视点预设"对话框中，根据需要选择相关参数选项即可完成操作，如图7-6所示。

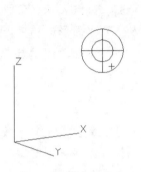

图7-4　视点模式

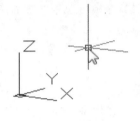

图7-5　设置视点

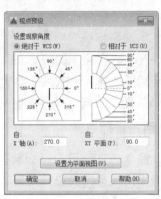

图7-6　视点预设

绘图技巧

在绘图过程中，想要切换三维视点，可单击绘图区左上角"视图控件"按钮，在打开的下拉列表中，选择需要的三维视点选项即可。用户还可以单击绘图区右上角"东""南""西""北"图标按钮即可切换视点。

7.2　三维视图显示样式

通过选择不同的视觉样式可以直观地从各个视角来观察模型的显示效果，在 AutoCAD 软件中，系统提供了 10 种视觉样式。当然用户也可以自定义视图样式，并且运用视图样式管理功能，将自定义的样式运用到三维模型中。

7.2.1　视图样式的种类

这 10 种视图样式分别为二维线框、概念、隐藏、真实、着色、带边框着色、灰度、勾画、线框和 X 射线。用户可以根据需要来选择视图样式，从而能够更清楚地查看三维模型。执行"视

图"→"视图样式"→"视图样式"命令，在下拉列表中即可
切换样式种类。

1. 二维线框样式

二维线框视觉样式使用表现实体边界的直线和曲线来显示
三维对象。在该模式中光栅和嵌入对象、线型及线宽均是可见
的，并且线与线之间都是重复叠加的，如图 7-7 所示。

图 7-7　二维线框样式

2. 概念样式

概念视觉样式显示着色后的多边形平面间的对象，并使对
象的边平滑化。该视觉样式虽然缺乏真实感，但可以方便用户
查看模型的细节，如图 7-8 所示。

图 7-8　概念样式

3. 真实样式

真实视觉样式显示着色后的多边形平面间的对象，对可见
的表面提供平滑的颜色过渡，其表达效果进一步提高，同时显
示已经附着到对象上的材质效果，如图 7-9 所示。

图 7-9　真实样式

4. 隐藏样式

隐藏视觉样式与"概念"视觉样式相似，但是概念样式是
以灰度显示，并略带有阴影光线；而隐藏样式则以白色显示，
如图 7-10 所示。

图 7-10　隐藏样式

5. 着色样式

着色视觉样式可使实体产生平滑的着色模型，如图 7-11 所示。

图 7-11 着色样式

6. 带边缘着色样式

带边缘着色视觉样式可以使用平滑着色和可见边显示对象，如图 7-12 所示。

图 7-12 带边缘着色样式

7. 灰度样式

灰度视觉样式使用平滑着色和单色灰度显示对象，如图 7-13 所示。

图 7-13 灰度样式

8. 勾画样式

勾画视觉样式使用线延伸和抖动边修改器显示手绘效果的对象，如图 7-14 所示。

图 7-14 勾画样式

9. 线框样式

线框视觉样式通过使用直线和曲线表示边界的方式显示对象。

10. X 射线样式

X 射线视觉样式可更改面的不透明度使整个场景变成部分透明，如图 7-15 所示。

图 7-15　X 射线样式

7.2.2　视觉样式管理器

除了使用系统自带的几种视觉样式外，用户还可以通过"视觉样式管理器"面板自定义视觉样式。视觉样式管理器主要显示了在当前模型中可用的视觉样式。执行"视图"→"视觉样式"命令即可打开"视觉样式管理器"对话框，如图 7-16、图 7-17 所示。

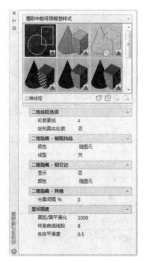

图 7-16　启动"视觉样式管理器"命令　图 7-17　"视觉样式管理器"面板

1. 视觉样式的设置

视觉样式管理器主要针对模型四个方面进行设置。其中包括面、光照、环境和边设置。

● 面样式：该选项组用于定义模型面上的着色情况。视觉样式不同，其"面设置"选项也会有所不同。在"面设置"选项组中，用户可以对"面样式""光源质量""颜色""着色颜色""不透明度"以及"材质显示"这几项参数进行设置。

● 光照：该选项组用于模型光照的亮度和阴影设置。

● 环境设置：该选项组可使用颜色、渐变色填充、图像或阳光与天光作为任何模型的背景，即使其不是着色对象。

● 边设置：该选项组中的选项是根据不同的视觉样式而设定的。不同类型的边可以使用不同的颜色和线型来显示。用户还可以添加特效效果，例如对边缘的抖动和外伸。

2. 视觉样式的管理

在"视觉样式管理器"面板中，用户可以单击"创建新的视觉样式"按钮，在"创建新的视觉样式"对话框中，输入新样式名称后单击"确定"按钮，如图 7-18 所示。此时在"视觉样式管理器"面板中的样式浏览图中，可显示新创建的样式，如图 7-19 所示。

图 7-18　创建新样式名称　　　　　　　　　图 7-19　创建新样式

如果想对多余的样式进行删除，可在样式浏览视图中，右击所需删除的视觉样式，在快捷菜单中选择"删除"命令即可，如图 7-20、图 7-21 所示。

如果想将选定的视觉样式应用于当前样式，可在该面板中，单击"将选定样式应用于当前视口"按钮即可。同样，右击选中所需样式，在快捷列表中选择"应用于当前视口"选项，也可完成操作，如图 7-22 所示。

图 7-20　右键选择删除　　　　　图 7-21　删除样式　　　　　图 7-22　应用于当前视口

知识拓展

在进行视觉样式删除操作时需注意，系统自带的 10 种视觉样式以及应用于当前视口的样式是无法删除的。

7.3 创建基本三维实体

实体模型是常用的三维模型，也是绘制一些复杂模型最基本元素。在 AutoCAD 软件中基本实体包括长方体、圆柱体、球体、圆锥体、圆环体、多段体和楔体。下面将介绍三维基本实体的创建操作。

7.3.1 长方体

长方体命令可绘制实心长方体或立方体。用户可以通过以下方法执行"长方体"命令。

- 执行"绘图"→"建模"→"长方体"命令。
- 在"常用"选项卡的"建模"面板中单击"长方体"按钮　。
- 在"实体"选项卡的"图元"面板中单击"长方体"按钮　。
- 在命令行中输入 BOX 命令，然后按回车键。

执行"长方体"命令后，根据命令行提示，创建长方体底面起点，并输入底面长方形长度和宽度，其后，移动光标至合适位置，输入长方体高度值即可完成创建，如图 7-23、图 7-24、图 7-25 所示。

命令行提示如下：

```
命令：_box
指定第一个角点或 [中心(C)]：                         (指定底面长方形起点)
指定其他角点或 [立方体(C)/长度(L)]：@400,400         (输入底面长方形的长、宽值)
指定高度或 [两点(2P)] <400.0000>：300                (输入长方体高度值，按回车键)
```

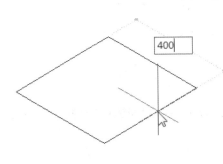 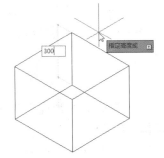 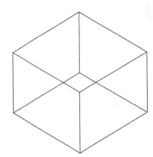

图 7-23　绘制地面长方形　　　　图 7-24　输入高度值　　　图 7-25　完成长方体的绘制

7.3.2 圆柱体

圆柱体是以圆或椭圆为截面形状，沿该截面法线方向拉伸所形成的实体特征。用户可以通过以下方法执行"圆柱体"命令。

- 执行"绘图"→"建模"→"圆柱体"命令。
- 在"常用"选项卡的"建模"面板中单击"圆柱体"按钮　。
- 在"实体"选项卡的"图元"面板中单击"圆柱体"按钮　。

● 在命令行中输入快捷命令 CYL，然后按回车键。

执行"圆柱体"命令后，根据命令行提示，指定圆柱底面圆心点，并指定底面圆半径，然后指定好圆柱体高度值即可完成创建，如图 7-26、图 7-27、图 7-28 所示。

命令行提示如下：

```
命令: _cylinder
指定底面的中心点或 [三点(3P)/两点(2P)/切点、切点、半径(T)/椭圆(E)]:    （指定底面圆心点）
指定底面半径或 [直径(D)] <147.0950>: 200                    （输入底面圆半径值）
指定高度或 [两点(2P)/轴端点(A)] <261.9210>: 200               （输入圆柱体高度值）
```

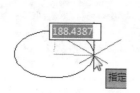

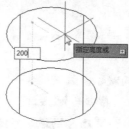

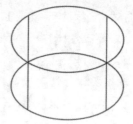

图 7-26　绘制底面圆半径　　　图 7-27　输入高度值　　　图 7-28　绘制圆柱体

7.3.3　球体

球体是到一个点即球心距离相等的所有点集合所形成的实体。用户可以通过以下方法执行"球体"命令。

● 执行"绘图"→"建模"→"球体"命令。
● 在"常用"选项卡的"建模"面板中单击"球体"按钮◯。
● 在命令行中输入 SPHERE 命令，然后按回车键。

执行"球体"命令后，根据命令行提示，指定圆心和球半径值即可完成绘制。

7.3.4　圆环体

圆环体有两个半径值定义，一是圆环的半径，二是从圆环体中心到圆管中心的距离。用户可以通过以下方法执行"圆环体"命令。

● 执行"绘图"→"建模"→"圆环体"命令。
● 在"常用"选项卡的"建模"面板中单击"圆环体"按钮◎。
● 在"视图"选项卡的"图元"面板中单击"圆环体"按钮◎。
● 在命令行中输入快捷命令 TOR，然后按回车键。

执行"圆环体"命令后，根据命令行提示，指定圆环中心点，并输入圆环半径值，然后输入圆管半径值即可完成，如图 7-29、图 7-30、图 7-31 所示。

命令行提示如下：

```
命令: torus
指定中心点或 [三点(3P)/两点(2P)/切点、切点、半径(T)]:                    （指定圆环中心点）
```

指定半径或 [直径(D)] <200.0000>: （指定圆环半径值）
指定圆管半径或 [两点(2P)/直径(D)] <100.0000>: 50 （指定圆管半径值）

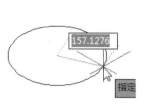 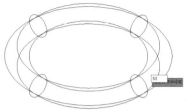 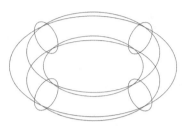

图 7-29 指定圆环中心及半径值　　图 7-30 指定圆环管半径　　图 7-31 完成圆环的绘制

7.3.5 楔体

楔体可以看做是以矩形为底面，其一边沿法线方向拉伸所形成的具有楔状特征的实体，也就是1/2长方体。其表面总是平行于当前的 UCS，其斜面沿 Z 轴倾斜。用户可以通过以下方法执行"楔体"命令。

- 执行"绘图"→"建模"→"楔体"命令。
- 在"常用"选项卡的"建模"面板中单击"楔体"按钮 ◹。
- 在命令行中输入快捷命令 WE，然后按回车键。

执行"楔体"命令后，可以根据命令行中的提示创建楔体，如图 7-32、图 7-33 所示。

命令行提示如下：

命令：_wedge
指定第一个角点或 [中心(C)]: （指定一点）
指定其他角点或 [立方体(C)/长度(L)]: @-250,300,0 （输入点坐标值）
指定高度或 [两点(2P)] <30.0000>: 300 （输入高度值）

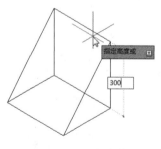 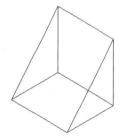

图 7-32 指定高度　　　　　　图 7-33 楔体

7.3.6 多段体

绘制多实体与绘制多段线的方法相同。默认情况下，多实体始终带有一个矩形轮廓。可以指定轮廓的高度和宽度。通常如果绘制三维墙体，则需要使用该命令。用户可以通过以下方法执行"多段体"命令。

● 执行"绘图"→"建模"→"多段体"命令。

● 在"常用"选项卡的"建模"面板中单击"多段体"按钮⬚。

● 在"实体"选项卡的"图元"面板中单击"多段体"按钮⬚。

● 在命令行中输入 POLYSOLID，然后按回车键。

执行"多段体"命令后，根据命令行提示，设置好多段体高度、宽度以及对正方式，其后指定多段体起点，并指定下一点，即可绘制多段体，如图 7-34、图 7-35 所示。

命令行提示如下：

```
命令：_Polysolid 高度 = 80.0000, 宽度 = 5.0000, 对正 = 居中
指定起点或 [对象(O)/高度(H)/宽度(W)/对正(J)] <对象>: h       (选择"高度"选项)
指定高度 <80.0000>: 1200                                    (输入高度值)
高度 = 1200.0000, 宽度 = 5.0000, 对正 = 居中
指定起点或 [对象(O)/高度(H)/宽度(W)/对正(J)] <对象>: w       (选择"宽度"选项)
指定宽度 <5.0000>: 120                                      (输入宽度值)
高度 = 1200.0000, 宽度 = 120.0000, 对正 = 居中
指定起点或 [对象(O)/高度(H)/宽度(W)/对正(J)] <对象>:          (指定多段体起点)
指定下一个点或 [圆弧(A)/放弃(U)]:                            (指定多段体下一点)
指定下一个点或 [圆弧(A)/闭合(C)/放弃(U)]:
```

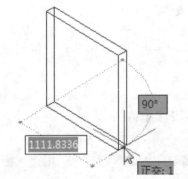

图 7-34　设置多段体参数并指定起点

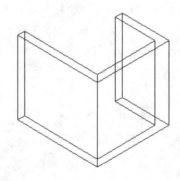

图 7-35　绘制多段体

7.4 二维图形生成三维实体

除了使用基本三维命令绘制三维实体模型外，还可使用拉伸、旋转 、放样、扫掠等命令，将二维图形转换成三维实体模型。

7.4.1　拉伸实体

拉伸命令可将绘制的二维图形沿着指定的高度或路径进行拉伸，从而将其转换成三维实体模型。拉伸的对象可以是封闭的多段线、矩形、多边形、圆、椭圆以及封闭样条曲线等。

用户可以通过以下方法执行"拉伸"命令。

- 执行"绘图"→"建模"→"拉伸"命令。
- 在"常用"选项卡的"建模"面板中单击"拉伸"按钮▢。
- 在"实体"选项卡的"实体"面板中单击"拉伸"按钮▢。
- 在命令行中输入快捷命令 EXT，然后按回车键。

执行"拉伸"命令后，根据命令行提示，选择拉伸的图形，输入拉伸高度值即可完成拉伸操作，如图 7-36、图 7-37 所示。命令行提示如下：

```
命令：_extrude
当前线框密度： ISOLINES=4，闭合轮廓创建模式 = 实体
选择要拉伸的对象或 [模式(MO)]：_MO 闭合轮廓创建模式 [实体(SO)/曲面(SU)] <实体>：_SO
选择要拉伸的对象或 [模式(MO)]：找到 1 个                    （选择需要拉伸的图形）
选择要拉伸的对象或 [模式(MO)]：
指定拉伸的高度或 [方向(D)/路径(P)/倾斜角(T)/表达式(E)] <100.0000>：300（输入拉伸高度值）
```

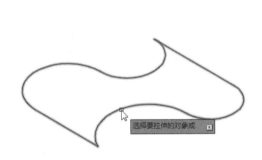

图 7-36　选择拉伸对象

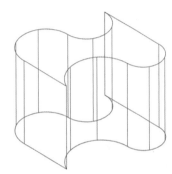

图 7-37　拉伸实体

如果需要按照路径进行拉伸的话，只需在选择所需拉伸的图形后，输入 P 后按回车键，根据命令行提示，选择拉伸路径即可完成。

7.4.2　旋转实体

旋转拉伸命令是通过绕轴旋转二维对象来创建三维实体。用户可以通过以下方法执行"旋转"命令。

- 执行"绘图"→"建模"→"旋转"命令。
- 在"常用"选项卡的"建模"面板中单击"旋转"按钮▢。
- 在"实体"选项卡的"实体"面板中单击"旋转"按钮▢。
- 在命令行中输入快捷命令 REV，然后按回车键。

执行"旋转"命令后，根据命令行提示，选择要拉伸的图形，并选择旋转轴，其后输入旋转角度即可完成，如图 7-38、图 7-39、图 7-40 所示。命令行提示如下：

```
命令：_revolve
当前线框密度： ISOLINES=4，闭合轮廓创建模式 = 实体
选择要旋转的对象或 [模式(MO)]：_MO 闭合轮廓创建模式 [实体(SO)/曲面(SU)] <实体>：_SO
选择要旋转的对象或 [模式(MO)]：找到 1 个                    （选择需旋转的图形）
选择要旋转的对象或 [模式(MO)]：
```

指定轴起点或根据以下选项之一定义轴 ［对象(O)/X/Y/Z］〈对象〉：　　　　　　（指定旋转轴两个端点）
指定轴端点：
指定旋转角度或 ［起点角度(ST)/反转(R)/表达式(EX)］〈360〉：270　　　　（输入旋转拉伸角度）

知识拓展

　　　　三维动态观察器是一个非常实用的三维工具。它可以动态、交互地观察三维图形，从而方便对三维实体进行编辑操作。执行"视图"→"动态观察"命令，在打开的子菜单中，选择相关观察模式，在绘图区中，按住鼠标左键拖动光标，此时视图则会根据光标移动的方向进行旋转。松开鼠标左键，则停止旋转。

　　　　当处于三维动态观察模式时，通过按住 Shift 键，可暂时进入自由动态观察模式。

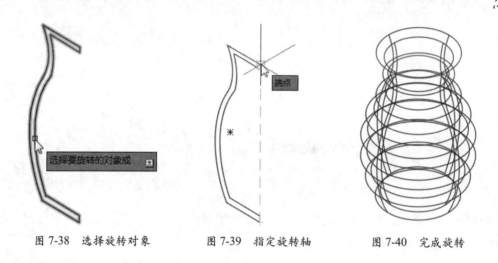

图 7-38　选择旋转对象　　　　　图 7-39　指定旋转轴　　　　　图 7-40　完成旋转

7.4.3　放样实体

　　　　使用放样命令可在两个或两个以上的横截面轮廓生成三维实体模型。用户可以通过以下方法执行"放样"命令。

● 执行"绘图"→"建模"→"放样"命令。
● 在"常用"选项卡的"建模"面板中单击"放样"按钮。
● 在命令行中输入 LOFT 命令，然后按回车键。

　　　　执行"放样"命令后，根据命令行提示，依次选中所有横截面轮廓，按回车键即可完成操作，如图 7-41、图 7-42 所示。命令行提示如下：

命令：_loft
当前线框密度：ISOLINES=4，闭合轮廓创建模式 = 实体
按放样次序选择横截面或 ［点(PO)/合并多条边(J)/模式(MO)］：_MO 闭合轮廓创建模式 ［实体(SO)/曲面(SU)］〈实体〉：_SO
按放样次序选择横截面或 ［点(PO)/合并多条边(J)/模式(MO)］：找到 1 个　　（依次选择横截面图形）
按放样次序选择横截面或 ［点(PO)/合并多条边(J)/模式(MO)］：找到 1 个，总计 2 个

```
按放样次序选择横截面或 [点(PO)/合并多条边(J)/模式(MO)]: 找到 1 个, 总计 3 个
按放样次序选择横截面或 [点(PO)/合并多条边(J)/模式(MO)]:选中了 3 个横截面
输入选项 [导向(G)/路径(P)/仅横截面(C)/设置(S)] <仅横截面>:           (按回车键)
```

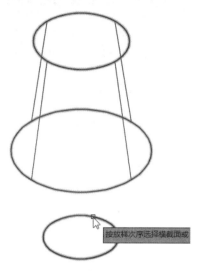

图 7-41　选择横截面

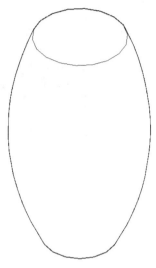

图 7-42　生成实体

7.4.4　扫掠实体

　　扫掠命令可通过沿开放或闭合的二维或三维路径, 扫掠开放或闭合的平面曲线来创建新的三维实体。用户可以通过以下方法执行"扫掠"命令。

- 执行"绘图"→"建模"→"扫掠"命令。
- 在"常用"选项卡的"建模"面板中单击"扫掠"按钮。
- 在"实体"选项卡的"实体"面板中单击"扫掠"按钮。
- 在命令行中输入 SWEEP 命令, 然后按回车键。

　　执行"扫掠"命令后, 选中要扫掠的图形对象, 其后选择扫掠路径, 即可完成扫掠操作, 如图 7-43、图 7-44 所示。命令行提示如下:

```
命令: _sweep
当前线框密度: ISOLINES=4,闭合轮廓创建模式 = 实体
选择要扫掠的对象或 [模式(MO)]: _MO 闭合轮廓创建模式 [实体(SO)/曲面(SU)] <实体>: _SO
选择要扫掠的对象或 [模式(MO)]: 找到 1 个
选择要扫掠的对象或 [模式(MO)]:                    (选择需扫掠的对象)
选择扫掠路径或 [对齐(A)/基点(B)/比例(S)/扭曲(T)]:           (选择要扫掠路径)
```

绘图技巧

　　在进行扫掠操作时, 可以扫掠多个对象, 但这些对象都必须位于同一个平面中, 如果沿一条路径扫掠闭合的曲线, 则生成实体, 如果沿一条路径扫掠开放的曲线, 则生成曲面。

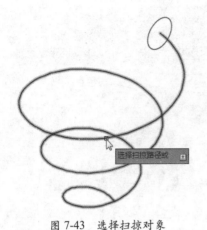

图 7-43　选择扫掠对象

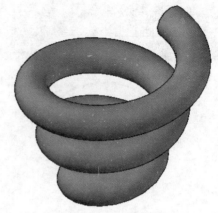

图 7-44　完成实体

综合演练　绘制三维办公桌模型

实例路径： 实例 /CH07/ 综合演练 / 绘制三维办公桌模型 .dwg

视频路径： 视频 /CH07/ 绘制三维办公桌模型 .avi

在学习本章知识内容后，下面将通过具体案例练习来巩固所学的知识。本实例运用到的命令有：更改坐标、多段体、长方体、拉伸实体等。

Step 01 在快速访问工具栏中，单击"工作空间"下拉按钮，选择"三维建模"选项，将其空间切换至三维空间，如图 7-45 所示。

图 7-45　切换工作空间

Step 02 在命令行中输入"PL（多段线）"命令，绘制如图 7-46 所示的图形。

Step 03 在命令行中输入"F（倒圆角）"命令，将绘制的图形进行倒圆角，圆角半径为 80mm，结果如图 7-47 所示。

Step 04 执行"REC（矩形）"命令，绘制尺寸为 700mm×1900mm 的长方形，并将其进行分解操作，如图 7-48 所示。

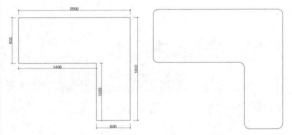

图 7-46　绘制平面图形　　图 7-47　将图形倒圆角

Step 05 执行"O（偏移）"命令，将长方形边线向内偏移 50mm，结果如图 7-49 所示。

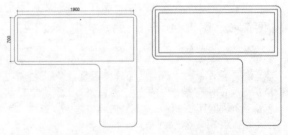

图 7-48　绘制长方形　　图 7-49　偏移长方形

Step 06 单击绘图区左上角"视图控件"按钮，在打开的视图列表中选择"西南等轴测"选项，将当前视图设为西南视图，如图 7-50 所示。

Step 07 在"常用"选项卡的"建模"面板中，单击"拉伸"按钮，选择多段线绘制的图形，按回车键，向上移动光标，输入拉伸高度为 50，按回车键，完成办公桌桌面的绘制，如图 7-51 所示。

Step 08 在"常用"选项卡的"建模"面板中，单击"多段体"按钮，根据命令行的提示信息，设置多段体的参数，绘制多段体，结果如图 7-52 所示。

Step 09 选中桌面实体，在命令行中输入"M（移动）"命令，捕捉圆角圆心，向上移动光标并输入位移距离为 100mm，将桌面向上移动，结果如图 7-53 所示。

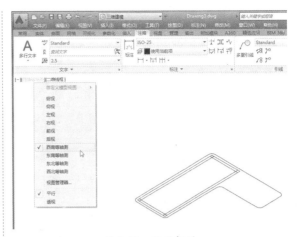

图 7-50　设置视图

```
命令：_Polysolid 高度 = 80.0000，宽度 = 5.0000，对正 = 居中
指定起点或 [对象(O)/高度(H)/宽度(W)/对正(J)] <对象>：h        （输入h，按回车键，设置多段体高度）
指定高度 <80.0000>：100                                        （设置高度值100，按回车键）
高度 = 100.0000，宽度 = 5.0000，对正 = 居中
指定起点或 [对象(O)/高度(H)/宽度(W)/对正(J)] <对象>：w        （输入W，按回车键，设置多段体宽度）
指定宽度 <5.0000>：50                                          （输入宽度值50，按回车键）
高度 = 100.0000，宽度 = 50.0000，对正 = 居中
指定起点或 [对象(O)/高度(H)/宽度(W)/对正(J)] <对象>：j        （输入J，按回车键，设置对正方向）
输入对正方式 [左对正(L)/居中(C)/右对正(R)] <居中>：          （设置"左对齐"，按回车键）
高度 = 100.0000，宽度 = 50.0000，对正 = 左对齐
指定起点或 [对象(O)/高度(H)/宽度(W)/对正(J)] <对象>：        （捕捉长方形内边线任意角点）
指定下一个点或 [圆弧(A)/放弃(U)]：                            （依次捕捉长方形内边线的其他角点）
指定下一个点或 [圆弧(A)/放弃(U)]：C                          （按C键，闭合多段体）
```

图 7-51　拉伸办公桌桌面　　图 7-52　绘制多段体

Step 10 在"常用"选项卡的"建模"面板中，单击"长方体"按钮，绘制一个长 50mm，宽 50mm，高 600mm 的长方体，作为办公桌桌腿，放置多段体下方合适位置，如图 7-54 所示。

图 7-53　移动桌面实体　　图 7-54　绘制桌腿

Step 11 执行"CO（复制）"命令，选中刚绘制的

桌腿模型，指定其复制基点，将其复制到多段体其他三个角点，如图 7-55 所示。

Step 12 执行"长方体"命令，绘制长 600mm，宽 400mm，高 700mm 的长方体，放置桌面下方合适位置，如图 7-56 所示。

图 7-55　复制桌腿模型　　图 7-56　绘制长方体

Step 13 将当前视图设为左视图。执行"REC（矩形）"命令，绘制长 560mm，宽 200mm 的长方形，并放置图形合适位置，如图 7-57 所示。

Step 14 再次执行"REC（矩形）"命令，绘制两

个长 440mm，宽 270mm 的长方形，放置图形合适
位置，结果如图 7-58 所示。

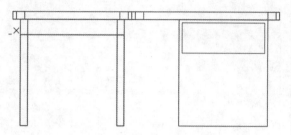

图 7-57　绘制大长方形

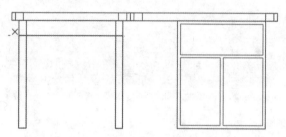

图 7-58　绘制两个小长方形

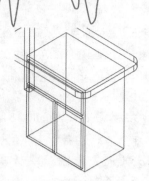

图 7-59　拉伸柜门及抽屉面板

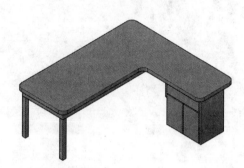

图 7-60　更改视觉样式

Step 15 将当前视图设为西南视图，在命令行中输
入 UCS 命令，并按两次回车键，将用户坐标系调
整为默认状态。执行"拉伸"命令，将刚绘制的三
个长方形，向外拉伸 20mm，如图 7-59 所示。

Step 16 在"常用"选项卡的"视图"面板中，单击"视
觉样式"下拉按钮，选择"概念"选项，更改当前
视觉样式，结果如图 7-60 所示。至此三维办公桌
模型绘制完毕。

知识拓展

在对三维实体进行组合时，用户需要来
回切换视点查看各三维实体组合的情况，例如对
某三维实体进行移动时，为了能够准确地定位，
则需要切换至其他视点进行查看定位，否则会直
接影响图形的最终效果。

上机操作

为了让读者能够更好地掌握本章所学习到的知识，下面将列举两个操作题来对本章内容进行巩固。

1. 绘制三维花瓶模型

利用"旋转"命令，绘制花瓶模型，如图 7-61 所示。

⚠ **操作提示：**

Step 01 将视图设为前视图，执行"多段线"命令，绘制花瓶横截面以及中轴线。

Step 02 将视图设为西南等轴测图，执行"旋转"命令，捕捉中轴线，输入旋转角度，将其旋转拉伸。

Step 03 单击"视图样式"按钮，将其样式设为"灰度"样式。

2. 绘制三维墙体

利用"多段体"命令，绘制三维墙体，如图 7-62 所示。

⚠ **操作提示：**

Step 01 打开"二维墙体"素材文件。

Step 02 执行"多段体"命令，将墙体高度设为 2800mm，墙体宽度设为 240mm，对正为左对齐。

Step 03 捕捉二维墙体线，绘制三维墙体。

Step 04 单击"视图样式"按钮，将当前样式设为"隐藏"样式。

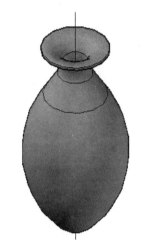

图 7-61　花瓶模型

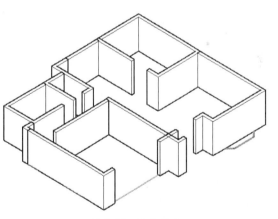

图 7-62　三维墙体

第 8 章

编辑三维家具模型

完成三维模型的创建后，通常需要将其进行编辑。此时就需使用到三维编辑命令，例如三维移动、三维阵列、三维镜像和剖切等命令。本章将主要对三维编辑命令进行详细介绍。通过学习这些命令可快速、准确地完成三维模型的绘制。

知识要点

▲ 三维对象的编辑　　　　　　▲ 材质与贴图

▲ 三维实体的编辑　　　　　　▲ 光源与渲染

8.1　编辑三维对象

创建的三维对象有时达不到设计的要求，这就需要将三维对象进行编辑，如将三维对象进行移动、旋转、复制、镜像等操作。

8.1.1　三维移动

三维移动模型主要是调整模型在三维空间中的位置。其方法与二维移动相似。用户可以通过以下方法执行"三维移动"命令。

- 执行"修改"→"三维操作"→"三维移动"命令。
- 在"常用"选项卡的"修改"面板中单击"三维移动"按钮⊕。
- 在命令行中输入 3DMOVE 命令，然后按回车键。

执行"三维移动"命令后，根据命令行提示，选中所需移动的三维对象，并指定好移动基点，其后指定好新位置点，或输入移动距离即可完成移动，如图 8-1、图 8-2 所示。

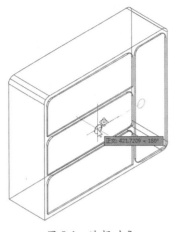 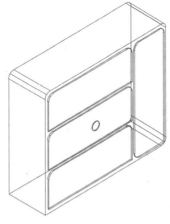

图 8-1　选择对象　　　　　　　　　　　　图 8-2　移动结果

8.1.2　三维镜像

三维镜像命令与二维镜像命令相似。三维命令则是通过指定的镜像平面进行镜像的。用户可以通过以下方法执行"三维镜像"命令。

- 执行"修改"→"三维操作"→"三维镜像"命令。
- 在"常用"选项卡的"修改"面板中单击"三维镜像"按钮%。
- 在命令行中输入 MIRROR3D 命令，然后按回车键。

执行"三维镜像"命令后，根据命令行提示，选中镜像平面和平面上的镜像点，即可完成镜像操作，如图 8-3、图 8-4 所示。命令行提示如下：

```
命令：_mirror3d
选择对象：找到 1 个
选择对象：找到 1 个，总计 2 个                （选择需镜像模型）
选择对象：                                （按空格键）
指定镜像平面（三点）的第一个点或[对象(O)/最近的(L)/Z 轴(Z)/视图(V)/XY 平面(XY)/YZ 平面
(YZ)/ZX 平面(ZX)/三点(3)] <三点>：yz         （选择镜像平面）
指定 YZ 平面上的点 <0,0,0>：                 （指定镜像平面上的一点）
是否删除源对象？[是(Y)/否(N)] <否>：          （按回车键，完成镜像）
```

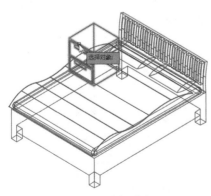 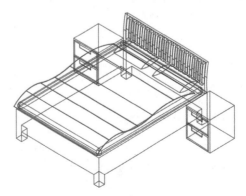

图 8-3　选择对象　　　　　　　　　　　　图 8-4　镜像结果

8.1.3　三维阵列

三维阵列可以在三维空间绘制对象的矩形阵列或环形阵列，它与二维阵列不同的是三维阵列除了指定列数（X方向）和行数（Y方向）以外，还可以指定层数（Z方向）。三维阵列同样也分为矩形阵列和环形阵列两种阵列模式。用户可以通过以下方法执行"三维阵列"命令。

- 执行"修改"→"三维操作"→"三维阵列"命令。
- 在命令行中输入快捷命令3A，然后按回车键。

1. 三维矩形阵列

三维矩形阵列是在行（X轴）、列（Y轴）和层（Z轴）矩形阵列中复制对象。执行"三维阵列"命令后，根据命令行的提示，选择要阵列的对象，按回车键选择"矩形阵列"类型，然后根据命令行提示，依次指定阵列的行数、列数、层数、行间距、列间距及层间距，如图8-5、图8-6、图8-7所示。命令行提示如下：

```
命令：_3darray
选择对象：指定对角点：找到 1 个
选择对象：                                      （选择阵列对象）
输入阵列类型 [矩形(R)/环形(P)] <矩形>：        （选择阵列类型，默认为"矩形"阵列）
输入行数 (---) <1>：3                          （输入行数）
输入列数 (|||) <1>：3                          （输入列数）
输入层数 (...) <1>：3                          （输入层数）
指定行间距 (---)：250                          （输入行间距值）
指定列间距 (|||)：250                          （输入列间距值）
```

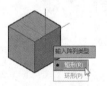

图8-5　选择对象及阵列类型

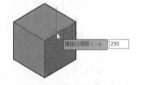

图8-6　矩形阵列结果

图8-7 矩形阵列效果

2. 三维环形阵列

使用三维环形阵列命令，需要指定阵列角度、阵列中心以及阵列数值，确认是否要进行自身旋转后，指定阵列的中心点及旋转轴上的第二点，即可完成环形阵列操作，如图8-8、图8-9、图8-10所示。命令行提示如下：

```
命令：_3darray
选择对象：指定对角点：找到 2 个                    （选择要阵列的对象）
选择对象：                                        （按回车键）
输入阵列类型 [矩形(R)/环形(P)] <矩形>：P          （选择环形阵列）
输入阵列中的项目数目：10                          （输入阵列项目数目）
指定要填充的角度 (+=逆时针，-=顺时针) <360>：     （选择默认角度值）
旋转阵列对象？ [是(Y)/否(N)] <Y>：               （选择"是"选项）
指定阵列的中心点：                                （指定圆心）
指定旋转轴上的第二点：                            （指定圆心）
```

图 8-8　选择阵列类型　　　　　图 8-9　指定阵列中轴　　　　　图 8-10　完成环形阵列

8.1.4　三维旋转

三维旋转命令可以将选择的对象绕三维空间定义的任何轴（X 轴、Y 轴、Z 轴）按照指定的角度进行旋转，在旋转三维对象之前需要定义一个点为三维对象的基准点。用户可以通过以下方法执行"三维旋转"命令。

● 执行"修改"→"三维操作"→"三维旋转"命令。

● 在"常用"选项卡的"修改"面板中单击"三维旋转"按钮⊕。

● 在命令行中输入 3DROTATE 命令，然后按回车键。

执行"三维旋转"命令后，根据命令行提示，选中所需模型，并指定旋转基点和旋转轴，其后输入旋转角度，即可完成操作，如图 8-11、图 8-12 所示。命令行提示如下：

```
命令：_3drotate
UCS 当前的正角方向：ANGDIR=逆时针　ANGBASE=0.00
选择对象：指定对角点：找到 1 个
选择对象：                                    （选择旋转对象）
指定基点：                                    （指定旋转基点）
拾取旋转轴：                                   （选择旋转轴）
指定角的起点或键入角度：90                      （输入旋转角度）
正在重生成模型。
```

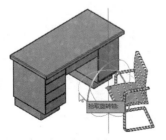

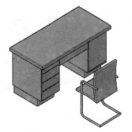

图 8-11　选择旋转轴　　　　　　　图 8-12　旋转结果

实战——绘制吧凳实体模型

本例将运用三维阵列、扫掠、圆柱等命令，绘制吧凳三维模型。

Step 01 将视图设为俯视图，执行"C（圆）"命令，绘制半径为 250mm 的圆形，执行"O（偏移）"命令，将圆形向外偏移 20mm，如图 8-13 所示。

Step 02 执行 "L（直线）"命令，绘制圆形中线，执行 "TR（修剪）"命令，将图形进行修剪，结果如图 8-14 所示。

Step 03 将视图设为前视图，执行 "C（圆）"命令，绘制半径为 10mm 的圆，然后将视图设为西南等轴测视图，在命令行中输入 UCS 命令后，按两次回车键，恢复默认坐标，如图 8-15 所示。

Step 04 执行 "扫掠"命令，先选中半径为 10mm 的小圆，按回车键，再选中修剪后的圆弧，回车即可完成扫掠操作，执行 "三维移动"命令，将其向上移动 1000mm，如图 8-16 所示。

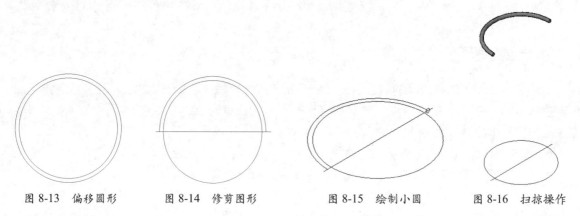

图 8-13　偏移圆形　　　图 8-14　修剪图形　　　图 8-15　绘制小圆　　　图 8-16　扫掠操作

Step 05 执行 "圆柱体"命令，绘制底面半径为 260mm，高 100mm 的圆柱体，放置在图形合适位置，如图 8-17 所示。

Step 06 执行 "圆环体"命令，捕捉圆柱体底面圆心点，绘制底面半径为 260mm，圆管半径为 10mm 的圆环体，如图 8-18 所示。

Step 07 执行 "L（直线）"命令，绘制一条 250mm 的直线，并执行 "C（圆）"命令，绘制半径为 5mm 的小圆，如图 8-19 所示。

Step 08 执行 "扫掠"命令，将直线转换为实体，并放置图形合适位置，如图 8-20 所示。

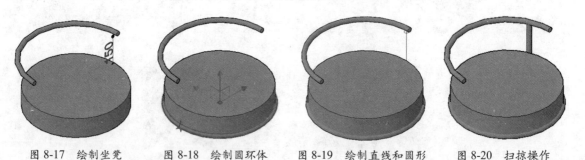

图 8-17　绘制坐凳　　　图 8-18　绘制圆环体　　　图 8-19　绘制直线和圆形　　　图 8-20　扫掠操作

Step 09 执行 "三维镜像"命令，选中刚绘制的圆管实体，按回车键，根据命令行提示，以 YZ 为镜像平面，并指定圆柱形顶面圆心为镜像点，将圆管实体进行镜像操作，如图 8-21 所示。

Step 10 将当前视觉样式设为二维线框样式。执行 "圆柱体"命令，绘制底面半径为 30mm，高 660mm 的圆柱体，如图 8-22 所示。

Step 11 再次执行 "圆柱体"命令，捕捉刚绘制的圆柱体底面圆心，绘制一个底面半径为 50mm，高为 40mm 的小圆柱体，如图 8-23 所示。

Step 12 将视图设为俯视图，执行 "REC（矩形）"命令，绘制长 250mm，宽 30mm 的长方形。将视图设为西南等轴测视图，执行"拉伸"命令，将长方形向上拉伸 30mm，放置圆柱合适位置，结果如图 8-24 所示。

图 8-21　镜像圆管实体　　　图 8-22　绘制圆柱　　　图 8-23　绘制圆柱　　　图 8-24　拉伸长方形

Step 13 执行"球体"命令，绘制半径为 25mm 的小圆球，放置长方体合适位置，结果如图 8-25 所示。

Step 14 执行"修改"→"三维操作"→"三维阵列"命令，选中长方体和小圆球，按回车键，选择"环形"选项，设置阵列数目为 5，阵列角度为 360，以圆柱体底面和顶面两个圆心点为阵列中心，进行环形阵列，其结果如图 8-26 所示。

Step 15 将当前视觉样式设为概念样式，如图 8-27 所示。至此吧凳三维图已绘制完毕。

图 8-25　绘制圆球　　　　图 8-26　阵列图形　　　　图 8-27　设置概念样式

8.2　编辑三维实体对象

　　在 AutoCAD 软件中，用户可以对三维实体边与面进行编辑。如复制边、压印边、拉伸面、移动面、偏移面、旋转面、删除面、剖切、抽壳、三维倒角。下面将分别对其操作进行介绍。

8.2.1　复制边

　　复制边用于复制三维模型的边。其操作对象包括直线、圆弧、圆、椭圆以及样条曲线。用户可以通过以下方法执行"复制边"命令。

- 执行"修改"→"实体编辑"→"复制边"命令。
- 在"常用"选项卡的"实体编辑"面板中单击"复制边"按钮。
- 在命令行中输入 SOLIDEDIT 命令并按回车键，然后依次选择"边""复制"选项。

执行"复制边"命令后，根据命令提示，选择要复制的模型边线，并指定好复制基点，然后指定新基点即可。

8.2.2 压印边

压印边则是在选定的图形对象上压印一个图形对象。压印对象包括圆弧、圆、直线、二维和三维多段线、椭圆、样条曲线、面域、体和三维实体。用户可以通过以下方法执行"压印边"命令。

- 执行"修改"→"实体编辑"→"压印边"命令。
- 在"常用"选项卡的"实体编辑"面板中单击"压印"按钮。
- 在"实体"选项卡的"实体编辑"面板中单击"压印"按钮。

执行"压印边"命令后，根据命令行提示，分别选择三维实体和需要压印图形对象，然后选择是否删除源对象即可，如图 8-28、图 8-29 所示。

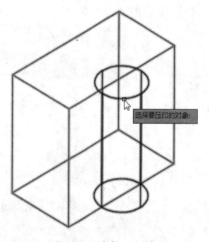

图 8-28　选择压印对象

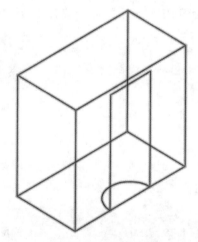

图 8-29　压印结果

8.2.3 拉伸面

拉伸面则是将选定的三维模型面拉伸到指定的高度或沿路径拉伸。一次可选择多个面进行拉伸。用户可以通过以下方法执行"拉伸面"命令。

- 执行"修改"→"实体编辑"→"拉伸面"命令。
- 在"常用"选项卡的"实体编辑"面板中单击"拉伸面"按钮。
- 在"实体"选项卡的"实体编辑"面板中单击"拉伸面"按钮。
- 在命令行中输入 SOLIDEDIT 命令并按回车键，然后依次选择"面""拉伸"选项。

执行"拉伸面"命令后，选择所需要拉伸的模型面，输入拉伸的高度值，或选择拉伸路径即可进行拉伸操作，如图 8-30、图 8-31 所示。

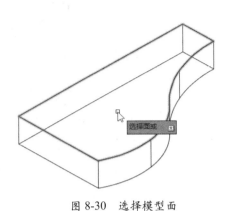

图 8-30　选择模型面

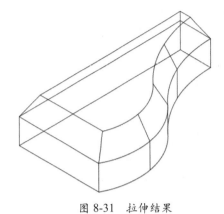

图 8-31　拉伸结果

8.2.4　移动面

移动面则是将选定的面沿着指定的高度或距离进行移动，当然一次也可以选择多个面进行移动。用户可以通过以下方法执行"移动面"命令。

● 执行"修改"→"实体编辑"→"移动面"命令。

● 在"常用"选项卡的"实体编辑"面板中单击"移动面"按钮⊡。

● 在命令行中输入 SOLIDEDIT 命令并按回车键，然后依次选择"面""移动"选项。

执行"移动面"命令后，选择所需要移动的三维实体面，并指定移动基点，然后再指定新基点即可。

知识拓展

指定的两个点将定义一个位移矢量，用于指示选定的面移动的距离和方向。"移动面"使用第 1 个点作为基点并相对于基点放置一个副本，如果指定一个点，然后按回车键，则将使用此坐标作为新位置。

8.2.5　偏移面

偏移面则是按指定距离或通过指定的点，将面进行偏移。如果值为正值，则增大实体体积，如果是负值，则缩小实体体积。用户可以通过以下方法执行"偏移面"命令。

● 执行"修改"→"实体编辑"→"偏移面"命令。

● 在"常用"选项卡的"实体编辑"面板中单击"偏移面"按钮⊡。

● 在"实体"选项卡的"实体编辑"面板中单击"偏移面"按钮⊡。

● 在命令行中输入 SOLIDEDIT 命令并按回车键，然后依次选择"面""偏移"选项。

执行"偏移面"命令后，选择要偏移的面，并输入偏移距离即可完成操作，如图 8-32、图 8-33 所示。

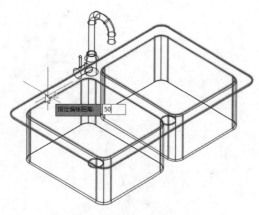

图 8-32　选择偏移面并输入偏移高度

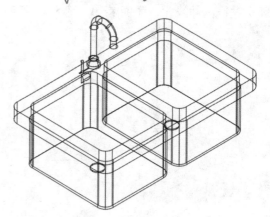

图 8-33　完成偏移面操作

8.2.6　旋转面

旋转面则是将选中的实体面，按照指定的轴进行旋转。用户可以通过以下方法执行"旋转面"命令。

- 执行"修改"→"实体编辑"→"旋转面"命令。
- 在"常用"选项卡的"实体编辑"面板中单击"旋转面"按钮 。
- 在命令行中输入SOLIDEDIT命令并按回车键，然后依次选择"面""旋转"选项。

执行"旋转面"命令后，选择所需的实体面，并选择旋转轴，输入旋转角度即可完成。

8.2.7　删除面

删除面则是删除实体的圆角或倒角面，使其恢复至原来基本实体模型。用户可以使用以下方法执行"删除面"命令。

- 执行"修改"→"实体编辑"→"删除面"命令。
- 在"常用"选项卡的"实体编辑"面板中单击"删除面"按钮 。
- 在命令行中输入SOLIDEDIT命令并按回车键，然后依次选择"面""删除"选项。

执行"删除面"命令后，选择要删除的倒角面，按回车键即可完成。

8.2.8　剖切

通过剖切现有实体可以创建新实体，可以通过多种方式定义剪切平面，包括指定点或者选择曲面或平面对象。用户可以通过以下方法执行"剖切"命令。

- 执行"修改"→"三维操作"→"剖切"命令。
- 在"常用"选项卡的"实体编辑"面板中单击"剖切"按钮 。
- 在"实体"选项卡的"实体编辑"面板中单击"剖切"按钮 。
- 在命令行中输入快捷命令SL，然后按回车键。

执行"剖切"命令后，根据命令行的提示，选择对象，然后在实体上依次指定两个剖切点即可将模型剖切，如图8-34、图8-35所示。命令行提示如下：

```
命令：_slice
选择要剖切的对象：找到 1 个                        （选择实体对象）
选择要剖切的对象：                                 （按回车键）
指定 切面 的起点或 [平面对象(O)/曲面(S)/Z 轴(Z)/视图(V)/XY(XY)/YZ(YZ)/ZX(ZX)/三点(3)]
<三点>：                                           （指定剖切第一点）
指定平面上的第二个点：                             （指定剖切第二点）
正在检查 595 个交点...
在所需的侧面上指定点或 [保留两个侧面(B)] <保留两个侧面>：（在要保留的那一侧实体上单击）
```

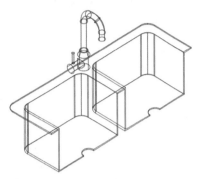

图 8-34　指定剖切点　　　　　　　　　　图 8-35　剖切结果

8.2.9　抽壳

抽壳可以将三维实体转换为中空薄壁或壳体。将实体对象转换为壳体时，可以通过将现有面朝其原始位置的内部或外部偏移来创建新面。用户可以通过以下方法执行"抽壳"命令。

● 执行"修改"→"实体编辑"→"抽壳"命令。

● 在"常用"选项卡的"实体编辑"面板中单击"抽壳"按钮🔲。

● 在"实体"选项卡的"实体编辑"面板中单击"抽壳"按钮🔲。

执行"抽壳"命令后，根据命令行的提示，选择抽壳对象，然后选择删除面并按回车键，输入偏移距离50，按回车键即可对实体抽壳，如图8-36、图8-37所示。

图 8-36　选择抽壳面及输入抽壳距离　图 8-37　抽壳结果

8.2.10　三维倒角

"圆角边"命令是为实体对象边建立圆角。用户可以通过以下方法执行"圆角边"命令。

● 执行"修改"→"实体编辑"→"圆角边"命令。

● 在"实体"选项卡的"实体编辑"
面板中单击"圆角边"按钮 。

● 在命令行中输入 FILLETEDGE 命
令，然后按回车键。

执行"圆角边"命令后，根据命令
行的提示，选择"半径"选项，输入半
径值 100 按回车键，然后选择边，即可
对实体倒圆角，如图 8-38、图 8-39 所示。

以上介绍的是如何对三维模型进行圆
角边操作。下面将介绍三维倒角边的操作。

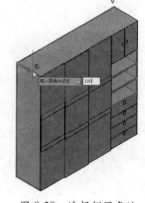
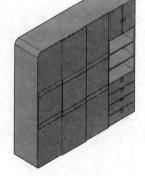

图 8-38　选择倒圆角边　　　　图 8-39　完成倒圆角操作

使用"倒角边"命令，可以对三维实
体以一定距离进行倒角，即在一条边中再创建一个面。用户可以通过以下方法执行"倒角边"命令。

● 执行"修改"→"实体编辑"→"倒角边"命令。

● 在"实体"选项卡的"实体编辑"面板中单击"倒角边"按钮 。

● 在命令行中输入 CHAMFEREDGE 命令，然后按回车键。

执行"倒角边"命令后，根据命令行的提示，选择"距离"选项，指定两个距离值，其后选择边，
即可对实体倒直角。

8.3　布尔运算

布尔运算在三维建模中是一项较为重要的功能。它是将两个或两个以上的图形，通过加减
方式结合而生成的新实体。

8.3.1　并集操作

并集命令就是将两个或多个实体对象合并成一个新的复合实体，新实体由各个组成对象的
所有部分组成，没有相重合的部分。用户可以通过以下方法执行"并集"命令。

● 执行"修改"→"实体编辑"→"并集"命令。

● 在"常用"选项卡的"实体编辑"面板中单击"并集"按钮 。

● 在"实体"选项卡的"布尔值"
面板中单击"并集"按钮 。

● 在命令行中输入快捷命令 UNI，
然后按回车键。

执行"并集"命令后，选中所有需
要合并的实体，按回车键即可完成操作，
如图 8-40、图 8-41 所示。

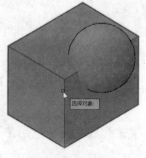
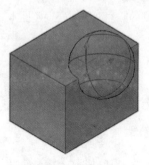

图 8-40　选择并集实体　　　　图 8-41　并集结果

8.3.2　差集操作

差集命令是从一个或多个实体中减去其中之一或若干部分，得到一个新的实体。用户可以通过以下方法执行"差集"命令。

- 执行"修改"→"实体编辑"→"差集"命令。
- 在"常用"选项卡的"实体编辑"面板中单击"差集"按钮◎◎。
- 在"实体"选项卡的"布尔值"面板中单击"差集"按钮◎◎。
- 在命令行中输入快捷命令 SU，然后按回车键。

执行"差集"命令后，选择对象，然后选择要从中减去的实体、曲面和面域，按回车键即可得到差集效果，如图 8-42、图 8-43 所示。

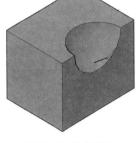

图 8-42　选择要减去的实体　　图 8-43　差集结果

8.3.3　交集操作

交集命令可以从两个以上重叠实体的公共部分创建复合实体。用户可以通过以下方法执行"交集"命令。

- 执行"修改"→"实体编辑"→"交集"命令。
- 在"常用"选项卡的"实体编辑"面板中单击"交集"按钮◎◎。
- 在"实体"选项卡的"布尔值"面板中单击"交集"按钮◎◎。
- 在命令行中输入快捷命令 IN，然后按回车键。

执行"交集"命令后，根据命令行的提示，选中所有实体，按回车键即可完成交集操作，如图 8-44、图 8-45 所示。

图 8-44　选择所有交集实体　　图 8-45　完成交集操作

知识拓展

使用 DISPSILH 系统变量可以控制实体轮廓边的显示，其取值为 0 或 1，当取值为 0 时，不显示轮廓边，而取值为 1 时，则显示轮廓边。

实战——绘制电视柜实体模型

本例将运用矩形、圆角边 、偏移面、差集等命令，绘制电视柜实体造型。

Step 01 将当前视图设为西南等轴测图。执行"长方体"命令，绘制一个长 1640mm，宽 600mm，高 450mm 的长方体，作为电视柜外轮廓，如图 8-46 所示。

Step 02 继续执行"长方体"命令，绘制长 500mm，宽 590mm，高 200mm 的长方体，放置大长方体合适位置，如图 8-47 所示。

Step 03 将视图设为左视图，执行"复制"命令，将小长方体复制两个，并排放置电视柜适当位置，其后将视图设为西南等轴测图，将坐标系设置为默认，调整小长方体位置，结果如图 8-48 所示。

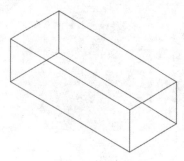
图 8-46　绘制大长方体

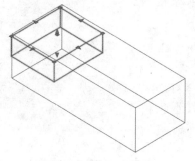
图 8-47　绘制小长方体

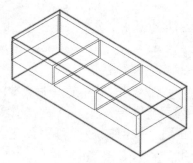
图 8-48　复制并调整长方体位置

Step 04 执行"差集"命令，选择电视柜外轮廓，按回车键，选择三个小长方体，完成差集操作，将视图样式设为隐藏，查看效果，如图 8-49 所示。

Step 05 执行"长方体"命令，绘制长 520mm，宽 200mm，高 20mm 的长方体，并放置电视柜合适位置，作为抽屉面板，如图 8-50 所示。

Step 06 在"常用"选项卡的"修改"面板中，单击"三维复制"按钮 ，选中抽屉面板，按回车键，选中复制的基点，进行三维复制操作，结果如图 8-51 所示。

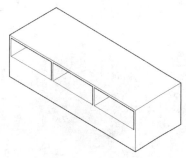
图 8-49　差集结果

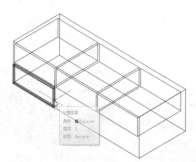
图 8-50　绘制抽屉面板

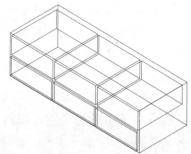
图 8-51　复制抽屉面板

Step 07 执行"圆角边"命令，将圆角半径设为 20mm，将电视柜外轮廓进行倒圆角操作，结果如图 8-52 所示。

Step 08 执行"圆锥体"命令，绘制底面半径为 10mm，高为 20mm 的圆锥体，作为抽屉拉手模型，如图 8-53 所示。

Step 09 执行"三维旋转"命令，选中抽屉把手，回车，选择 Y 轴为旋转轴，旋转角度为 90，将把手进行旋转，结果如图 8-54 所示。

Step 10 执行"三维复制"命令，将把手复制到其他抽屉面板上，将视图样式设为隐藏，查看效果，如图 8-55 所示。

Step 11 执行"并集"命令，将绘制好的电视柜模型进行合并操作，结果如图 8-56 所示。

Step 12 执行"圆锥体"命令，根据命令行的提示信息，绘制底面半径为 25mm，顶面半径为 50mm，高为 50mm 的圆台体，放置电视柜下方，作为支撑架，结果如图 8-57 所示。

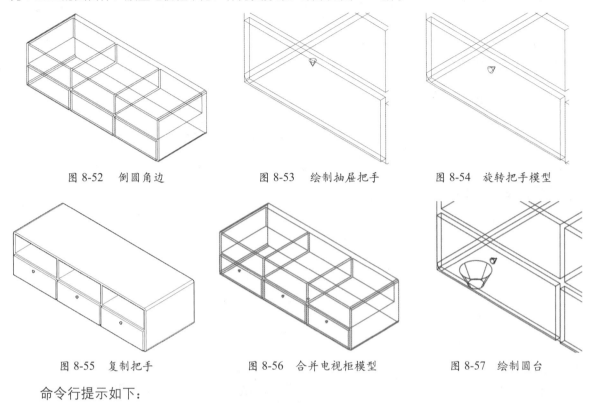

图 8-52　倒圆角边　　　　　　　　图 8-53　绘制抽屉把手　　　　　　图 8-54　旋转把手模型

图 8-55　复制把手　　　　　　　　图 8-56　合并电视柜模型　　　　　　图 8-57　绘制圆台

命令行提示如下：

```
命令: _cone
指定底面的中心点或 [三点(3P)/两点(2P)/切点、切点、半径(T)/椭圆(E)]:          (指定底面中心)
指定底面半径或 [直径(D)] <25.0000>: 25                        (输入底面半径25，回车)
指定高度或 [两点(2P)/轴端点(A)/顶面半径(T)] <50.0000>: t       (输入"T"，选择"顶面半径")
指定顶面半径 <0.0000>: 50                                     (输入顶面半径为50)
指定高度或 [两点(2P)/轴端点(A)] <50.0000>: 50                  (输入高度值50)
```

Step 13 执行"三维镜像"命令，选中圆台，以 YZ 平面为镜像平面，并指定电视柜左侧底边线中点，将圆台进行镜像操作，结果如图 8-58 所示。

Step 14 再次执行"三维镜像"命令，将镜像后的圆台再次以 ZX 平面进行镜像，结果如图 8-59 所示。至此电视柜模型已绘制完毕。

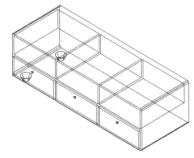
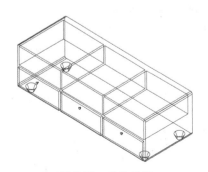

图 8-58　镜像圆台　　　　　　　　　　　图 8-59　最终效果

8.4 渲染实体

在 AutoCAD 中，用户可以对绘制好的三维实体模型赋予相关的材质并进行渲染。下面将对其操作方法进行简单介绍。

8.4.1 创建并赋予材质

用户可通过两种方式进行材质的创建。一种是使用系统自带的材质进行创建，另一种则是创建自定义材质。

1. 使用自带材质创建

执行"视图"→"渲染"→"材质浏览器"命令，打开"材质浏览器"面板，单击"主视图"折叠按钮，选择"Autodesk 库"选项，在右侧材质缩略图中，单击所需材质的编辑按钮，如图 8-60 所示。在"材质编辑器"面板中，输入该材质的名称即可，如图 8-61 所示。

图 8-60 选择所需材质

图 8-61 输入材质名称

2. 自定义新材质

用户如果想自定义材质，只需在"材质浏览器"面板中，单击"在文档中创建新材质"下拉按钮，选择"新建常规材质"选项，在"材质编辑器"面板中，输入材质名称，单击"图像"文本框，如图 8-62 所示。在"材质编辑器打开文件"对话框中，选择所需材质选项，单击"打开"按钮，如图 8-63所示。

图 8-62 设置材质名称

图 8-63 选中材质

返回到"材质编辑器"面板，双击添加的图像，在"纹理编辑器 -color"面板中，用户可对材质的显示比例，位置等选项进行设置，如图 8-64 所示。设置完成后，关闭"材质编辑器"面板，在"材质浏览器"面板中将会显示自定义新材质，如图 8-65 所示。

图 8-64　设置材质参数

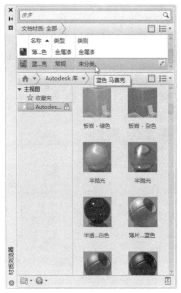

图 8-65　完成自定义材质操作

3. 赋予材质

材质创建好后，用户可将创建好的材质赋予至实体模型上了。打开"材质浏览器"面板，在"文档材质：全部"列表中，选择要赋予的材质，按住鼠标左键不放，将其拖曳至实体模型上，放开鼠标即可，如图 8-66、图 8-67 所示。

图 8-66　拖曳至模型上

图 8-67　赋予结果

8.4.2　创建光源

模型材质赋予完成后，接下来可对该模型添加光源了。在 AutoCAD 中有 4 种光源类型，分别为：点光源、聚光灯、平行光以及光域网灯光。用户可根据图纸的需求，选择适合的光源进行创建。

（1）点光源。

该光源从其所在位置向四周发射光线，它与灯泡发出的光源类似。根据点光线的位置，模型将产生较为明显的阴影效果，使用点光源以达到基本的照明效果。

（2）聚光灯。

该光源分布投射一个聚焦光束。聚光灯发射定向锥形光，可以控制光源的方向和圆锥体的尺寸。聚光灯的衰减由聚光灯的聚光角角度和照射角角度控制。

（3）平行光。

该光源仅向一个方向发射统一的平行光光线。它需要指定光源的起始位置和发射方向，从而以定义光线的方向。平行光的强度并不随着距离的增加而衰减。

（4）光域网灯光。

该光源是具有现实中的自定义光分布的光度控制光源。在添加光域网灯光后，用户需要确定该灯光的光源起始位置与光源发射方向。其中光源的照度、光域网、光度控制中心点之间的距离成正比。沿离开中心的特定方向的直线进行测量。

知识拓展

除了以上 4 种常用光源外，系统还提供了"阳光状态"光源。该光源模拟阳光照射的效果。而在 AutoCAD 2016 中，阳光状态为默认开启状态。在"可视化"选项卡的"阳光和位置"面板中，单击"阳光状态"按钮，可将其光源关闭，反之则开启。

为模型创建光源可为场景提供真实外观，光源可增强场景的清晰度和三维性。在 AutoCAD 中，添加光源主要有以下几种方法。

- 执行"视图"→"渲染"→"光源"命令中的子命令。
- 单击"渲染→光源"面板中相应命令按钮。

选择"聚光灯"命令，在绘图窗口中指定聚光灯的源位置和目标位置，再根据命令行的提示选择相关选项，命令行提示内容如下：

```
命令: _spotlight
指定源位置 <0,0,0>:                                （指定光源起始位置）
指定目标位置 <0,0,-10>:                            （指定光源目标方向位置）
输入要更改的选项 [名称(N)/强度因子(I)/状态(S)/光度(P)/聚光角(H)/照射角(F)/阴影(W)/衰减
(A)/过滤颜色(C)/退出(X)] <退出>:                   （根据需要，设置相关光源基本属性）
```

绘图技巧

光源创建完毕后，如果效果不理想，可对创建的光源参数进行调整，其方法为：右键单击所需光源，在快捷菜单中选择"特性"选项，在打开的"特性"面板中，设置"强度因子"参数即可。如果想要对阳光光源进行设置，单击"阳光和位置"右侧对话框启动按钮，在打开的"阳光特性"面板中，对其参数进行调整即可。

8.4.3 渲染出图

当模型的材质与光源都设置完成后，则可执行"渲染"命令，将模型进行渲染了。在 AutoCAD 2016 中，系统提供了 3 种渲染方式，分别为：在窗口中渲染、在视口中渲染、在面域中渲染。

1. 在窗口中渲染

在"可视化"选项卡的"渲染"面板中，选择"在窗口中渲染"选项，其后单击"渲染到尺寸"

按钮，打开渲染窗口，当渲染进度条达到
100%后，完成当前模型的渲染操作，如图8-68
所示。单击"级别"展开按钮，用户从中读
取到当前渲染的一些相关信息，例如输出文件
名称、输出大小、输出分辨率、视图等。

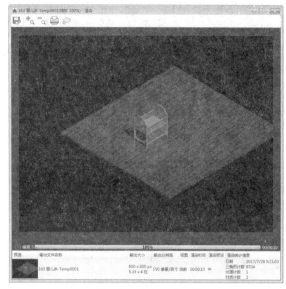

图 8-68　在窗口中渲染

2. 在视口中渲染

在"渲染"面板中，选择"在视口中渲染"选项，再单击"渲染到尺寸"按钮，此时系统
将直接在当前绘图区中对模型进行渲染，如图8-69所示。

3. 在面域中渲染

在"渲染"面板中，选择"在面域中渲染"选项后，在绘图区中，使用鼠标拖曳的方法，
框选要渲染的模型即可渲染，如图8-70所示。该方法较为快捷，并能够按照用户意愿进行有选
择性的渲染。

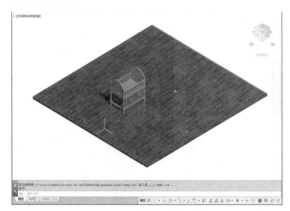

图 8-69　在视口中渲染

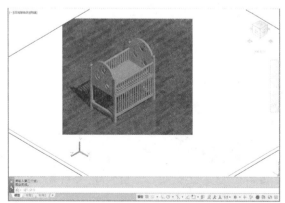

图 8-70　在面域中渲染

绘图技巧

用户若要对更改渲染尺寸、渲染质量、渲染精确性等参数进行更改，则只需单击"渲染"面板右侧
对话框启动器按钮，在"渲染预设管理器"面板中，根据需要更改相应的参数即可。

综合演练 绘制并渲染茶几模型

实例路径： 实例 /CH07/ 综合演练 / 绘制三维办公桌模型 .dwg
视频路径： 视频 /CH07/ 绘制三维办公桌模型 .avi

在学习本章知识内容后，下面将通过具体案例练习来巩固所学的知识。本实例运用到的命令有：拉伸、多段线、并集、三维阵列、赋予材质、渲染等。

Step 01 将当前视图设为西南等轴测图。执行"C（圆）"命令，绘制两个同心圆，其半径分别为 500mm 和 460mm，如图 8-71 所示。

Step 02 执行"拉伸"命令，将两个圆形都向上拉伸 150mm，如图 8-72 所示。

图 8-71　绘制同心圆

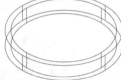
图 8-72　拉伸圆形

Step 03 执行"差集"命令，将小圆柱从大圆柱中减去，将视图样式设为概念，查看效果，结果如图 8-73 所示。

Step 04 将视图样式设为二维线框样式。启动"极轴追踪"捕捉功能，将其增量角设为 60 度。执行"L（直线）"命令，捕捉圆柱底面圆心，沿着捕捉辅助线绘制直线，结果如图 8-74 所示。

图 8-73　差集操作

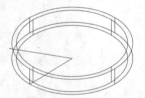
图 8-74　绘制辅助线

Step 05 将当前视图设为俯视图。执行"PL（多段线）"命令，结合其中的弧线功能，绘制两条辅助线与圆柱轮廓相交处所形成的图形，结果如图 8-75 所示。

Step 06 将当前视图设为西南等轴测图。执行"拉伸"命令，将绘制的多段线向下拉伸 300mm，结

果如图 8-76 所示。

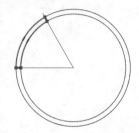
图 8-75　使用多段线绘制图形

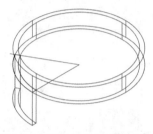
图 8-76　拉伸多段线绘制的图形

Step 07 执行"修改"→"三维操作"→"三维阵列"命令，选择拉伸后的圆弧实体，选择"环形"选项，并将其阵列数目设为 3，阵列角度设为 360，以圆柱底面和顶面两个圆心所形成的中心线为旋转轴，进行环形阵列，其结果如图 8-77 所示。

Step 08 执行"并集"命令，将所有实体模型进行合并操作，如图 8-78 所示。

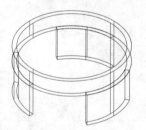

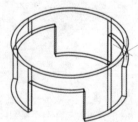

图 8-77　三维阵列图形　　图 8-78　合并所有实体模型

Step 09 执行"C（圆）"命令，以圆柱顶面圆心为圆心，绘制半径为 460mm 的圆形，并执行"拉伸"命令，将圆形向下拉伸 5mm，作为茶几玻璃，如图 8-79 所示。

图 8-79　拉伸圆形

Step 10 执行"视图"→"渲染"→"材质浏览器"命令，打开"材质浏览器"面板。单击"Autodesk库"右侧下拉按钮，选择"木材"选项，如图 8-80所示。

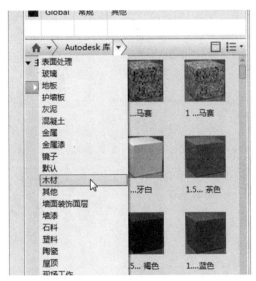

图 8-80　选择材质类型

Step 11 在打开的木材列表中，选择适合的木材贴图，使用鼠标拖曳的方法，将其贴图拖曳至茶几模型上，如图 8-81 所示。

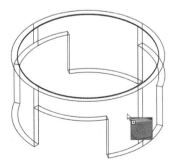

图 8-81　赋予木材质

Step 12 按照同样的操作方法，在"材质浏览器"面板中，选择适合的玻璃材质，并将其拖曳至茶几玻璃上，如图 8-82 所示。其后执行"长方体"命令，绘制地面模型，其尺寸适当即可。使用"材质浏览器"面板，为地面赋予合适的材质贴图。

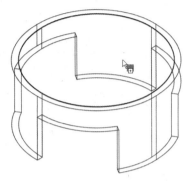

图 8-82　赋予玻璃材质

Step 13 在"可视化"选项卡的"阳光和位置"面板中，单击"阳光状态"按钮，启动阳光光源，并在打开的提示框中，单击"取消"按钮。单击"阳光和位置"右侧对话框启动器按钮，打开"阳光特性"面板，将"强度因子"设为 0.5，关闭该面板，如图 8-83 所示。

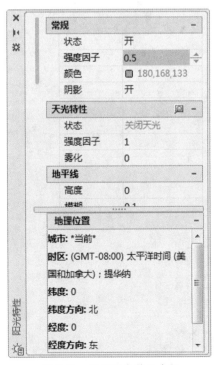

图 8-83　设置阳光特性参数

Step 14 在"渲染"面板中，选择"在面域中渲染"选项，并单击"渲染到尺寸"按钮，框选茶几模型即可进行渲染，结果如图 8-84 所示。

图 8-84 渲染图形

🖥 上机操作

为了让读者能够更好地掌握本章所学习到的知识，下面将列举两个操作题来对本章内容进行巩固。

1. 绘制办公桌三维实体模型

利用"多段线""拉伸""抽壳""圆柱体""圆锥体"等命令，绘制办公桌实体模型，如图8-85所示。

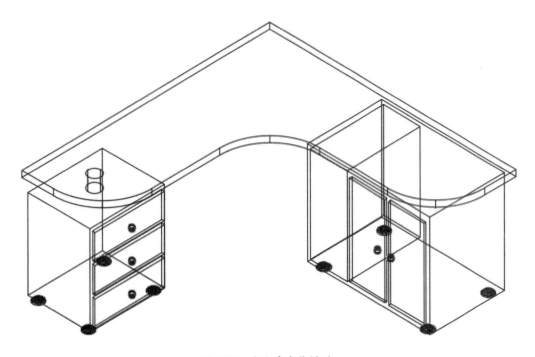

图 8-85 办公桌实体模型

⚠ **操作提示：**

Step 01 执行"多段线"命令，绘制桌面造型，执行"拉伸"命令，将桌面进行拉伸。

Step 02 执行"长方体""三维复制"和"抽壳"命令，绘制办公桌储物柜模型。

Step 03 执行"圆锥体""圆柱体"和"球体"命令，绘制办公桌支撑架及柜门拉手。

2. 渲染办公桌模型

利用"材质""创建光源"及"渲染"命令，将办公桌模型进行渲染，如图8-86所示。

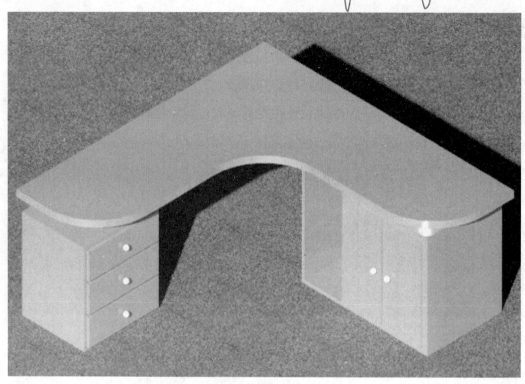

图 8-86 渲染办公桌模型

⚠️ **操作提示：**

Step 01 打开"材质浏览器"面板，选择满意的木材贴图和不锈钢贴图，赋予至办公桌实体模型上。

Step 02 启动阳光状态功能，并设置其强度因子参数。

Step 03 执行"在面域中渲染"命令，渲染办公桌模型。

第**9**章

客餐厅家具设计

本章将主要介绍客厅与餐厅的家具设计，比如沙发、电视柜、餐桌、餐椅等。通过对这些案例的学习，可以让用户更好地掌握客餐厅家具的设计原则与绘制方法，以达到熟练应用的目的。

知识要点

▲ 绘制双人沙发　　　　　　　　　▲ 绘制电视柜

▲ 绘制餐桌椅　　　　　　　　　　▲ 绘制中式古典家具

9.1　绘制双人沙发

以沙发的大小可分为：单人沙发、双人沙发、三人沙发、多人沙发以及圆角沙发等。如果要将沙发放置在住宅中，则可根据客厅面积的大小来选择。常见住宅沙发有双人沙发、三人沙发和四人沙发，如图 9-1、图 9-2 所示。

图 9-1　双人沙发

图 9-2　多人沙发

9.1.1　常见沙发规格尺寸

一些常用沙发的尺寸规格如表 9-1 所示。

表 9-1　常见沙发尺寸

类型	长　度	进　深	坐垫距地	背　高
单人式	800~950mm	850~900mm	350~420mm	700~900mm
双人式	1260~1500mm	800~900mm	350~420mm	700~900mm
三人式	1750~1960mm	800~900mm	350~420mm	700~900mm
四人式	2320~2520mm	800~900mm	350~420mm	700~900mm
转角	1800~1900mm	860~900mm	350~420mm	700~900mm

9.1.2　绘制双人沙发平面图

下面将介绍双人沙发平面图的绘制方法。

Step 01 执行"REC（矩形）"命令，绘制长 1500mm，宽 800mm 的长方形，作为沙发外轮廓，如图 9-3 所示。

Step 02 执行"X（分解）"命令，将长方形进行分解。执行"O（偏移）"命令，将长方形边线向内进行偏移，偏移尺寸如图 9-4 所示。

Step 03 执行"TR（修剪）"命令，将偏移后的图形进行修剪操作，修剪结果如图 9-5 所示。

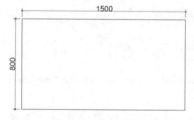

图 9-3　绘制矩形　　　　图 9-4　偏移并分解矩形　　　　图 9-5　修剪图形

Step 04 再次执行"O（偏移）"命令，将修剪的线段再次进行偏移，偏移尺寸如图 9-6 所示。

Step 05 执行"EX（延伸）"命令，延伸线段，结果如图 9-7 所示。

Step 06 执行"TR（修剪）"命令，将图形进行修剪操作，结果如图 9-8 所示。

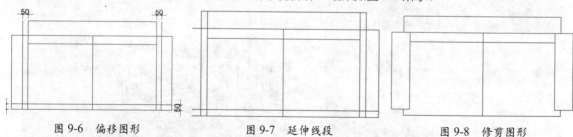

图 9-6　偏移图形　　　　图 9-7　延伸线段　　　　图 9-8　修剪图形

Step 07 执行"F（倒圆角）"命令，将修剪后的图形进行倒圆角操作，圆角半径为 50mm，结果如图 9-9 所示。

Step 08 执行"BR（打断）"命令，根据命令行中的提示信息，将沙发靠背线段进行打断操作，结果如图 9-10 所示。

Step 09 再次执行"F（倒圆角）"命令，完成沙发扶手图形的绘制，圆角半径为 50mm，结果如图 9-11 所示。

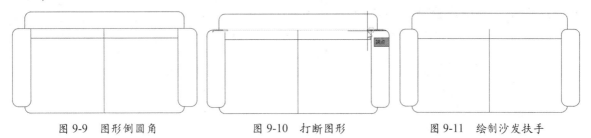

图 9-9　图形倒圆角　　　　　图 9-10　打断图形　　　　　图 9-11　绘制沙发扶手

Step 10 执行"L（直线）"命令，再次绘制沙发靠背线段。执行"O（偏移）"命令，将该线段向下偏移 10mm，结果如图 9-12 所示。

Step 11 执行"TR（修剪）"命令，将图形进行修剪操作。然后执行"F（倒圆角）"命令，将靠背图形进行倒圆角操作，并将其图形进行修剪，结果如图 9-13 所示。

Step 12 执行"H（图案填充）"命令，在"图集填充创建"选项卡的"图案"列表中，选择"PLAST"图案，将其"比例"设为 20，"角度"设为 90，颜色为灰色，将坐垫进行填充，结果如图 9-14 所示。

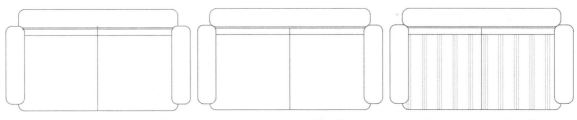

图 9-12　绘制沙发靠背线段　　　图 9-13　修剪靠背沙发图形　　　图 9-14　填充坐垫区域

Step 13 执行"I（插入块）"命令，打开"插入"对话框，单击"浏览"按钮，打开"选择图形文件"对话框，在此选择"人物图块"文件，如图 9-15 所示。

Step 14 单击"打开"按钮，返回至上一层对话框，单击"确定"按钮，在绘图区中指定插入点，可将这些人物图块插入至图纸空白处。框选其中所要的人物图块，执行"X（分解）"命令，将人物图块进行分解。然后执行"CO（复制）"命令，将其复制到沙发平面图中，结果如图 9-16 所示。

图 9-15　选择"人物图块"文件

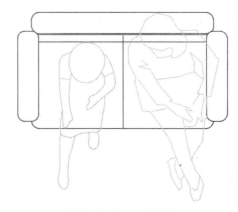

图 9-16　插入人物图块

Step 15 执行"D（标注样式）"命令，打开"标注样式管理器"对话框。单击"新建"按钮，打开"创建新标注样式"对话框，在此输入样式名称，单击"继续"按钮，如图 9-17 所示。

Step 16 在"新建标注样式"对话框中,切换到"线"选项卡,并设置好尺寸界线、尺寸线的颜色以及"超出尺寸线"和"起点偏移量"的参数,如图9-18所示。

图9-17 新建样式名称

图9-18 设置"线"参数

Step 17 切换到"符号和箭头"选项卡,在此设置好箭头样式及大小,如图9-19所示。

Step 18 切换到"文字"选项卡,设置好文字大小,如图9-20所示。

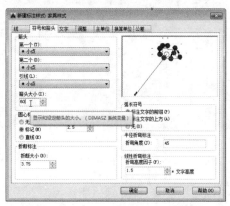

图9-19 设置箭头样式及大小

图9-20 设置文字大小

Step 19 切换到"调整"选项卡,设置好文字位置,结果如图9-21所示。

Step 20 切换到"主单位"选项卡,将"精度"设为0,并单击"确定"按钮,返回上一层对话框,单击"置为当前"按钮,完成尺寸样式的设置,如图9-22所示。

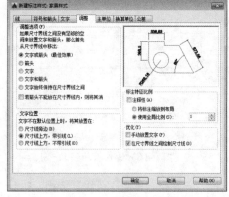

图9-21 调整文字位置

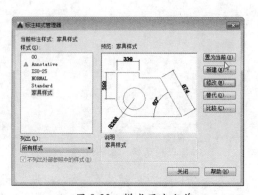

图9-22 样式置为当前

Step 21 > 在"注释"选项卡的"标注"面板中,单击"线性"按钮,对沙发扶手进行标注,如图 9-23 所示。

Step 22 > 再次执行"线性"和"连续"命令,标注沙发其他尺寸,结果如图 9-24 所示。至此沙发平面图绘制完毕。

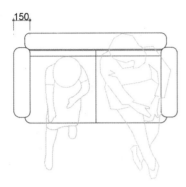

图 9-23　标注沙发扶手

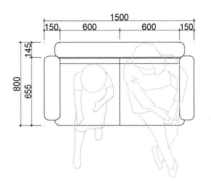

图 9-24　标注其他尺寸

9.1.3　绘制双人沙发立面图

沙发平面图绘制完成后,下面可根据其平面图的尺寸,绘制沙发立面图,其操作如下:

Step 01 > 在"默认"选项卡的"绘图"面板中,单击"构造线"按钮,沿着沙发平面图边线,绘制其立面轮廓线,结果如图 9-25 所示。

Step 02 > 执行"L(直线)"命令,绘制地平线,然后执行"O(偏移)"命令,将地平线向上偏移 800mm,结果如图 9-26 所示。

知识拓展

构造线可用作创建其他对象的参照。该线段在建筑制图时,可用构造线做墙体中线,再根据墙厚来绘制墙体,也可以用来对齐间隔很远的图形,作为参照线。同时构造线还可以作为 X、Y 的基准线。

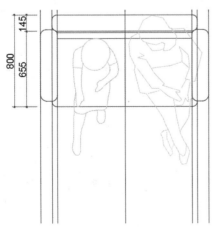

图 9-25　绘制构造线

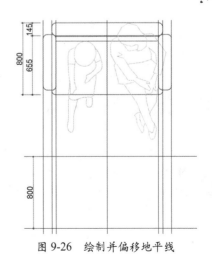

图 9-26　绘制并偏移地平线

Step 03 执行"TR（修剪）"命令，将图形进行修剪操作，并删除多余的构造线段，结果如图 9-27 所示。

Step 04 执行"O（偏移）"命令，将地平线再次向上依次偏移 100mm、200mm 和 150mm，如图 9-28 所示。

Step 05 执行"TR（修剪）"命令，对偏移后的图形进行修剪，结果如图 9-29 所示。

　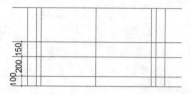　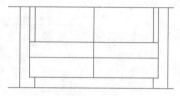

图 9-27　修剪图形　　　　　图 9-28　偏移图形　　　　　图 9-29　修剪图形

Step 06 执行"O（偏移）"命令，将地平线向上偏移 650mm，结果如图 9-30 所示。

Step 07 执行"TR（修剪）"命令，对图形进行修剪，结果如图 9-31 所示。

Step 08 执行"EX（延伸）"命令，将图形线段进行延伸，如图 9-32 所示。

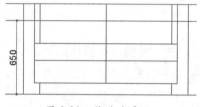　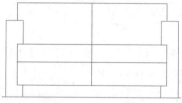　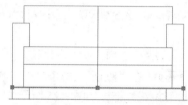

图 9-30　偏移地平线　　　　　图 9-31　修剪图形　　　　　图 9-32　延伸图形

Step 09 执行"TR（修剪）"命令，对图形进行修剪，并删除多余直线，结果如图 9-33 所示。

Step 10 执行"L（直线）"命令，绘制沙发支撑架图形，然后执行"MI（镜像）"命令，将支撑架以沙发中线为镜像线进行镜像，结果如图 9-34 所示。

Step 11 执行"F（倒圆角）"命令，将沙发靠背及扶手进行倒圆角，圆角半径为 30mm，结果如图 9-35 所示。

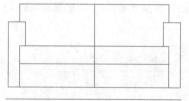　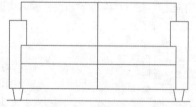　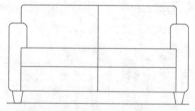

图 9-33　修剪图形　　　　　图 9-34　绘制支撑架　　　　　图 9-35　沙发靠背及扶手倒圆角

Step 12 再次执行"倒圆角"命令，将沙发坐垫进行倒圆角，圆角半径为 50mm，结果如图 9-36 所示。

Step 13 执行"H（图案填充）"命令，选择满意的图案样式，其填充角度设为 90，填充颜色为灰色，填充比例为 20，填充沙发靠背区域，结果如图 9-37 所示。

Step 14 执行"线性"和"连续"命令，对沙发立面图进行尺寸标注，如图 9-38 所示。至此沙发立面图已绘制完毕。

绘图技巧

在进行图案填充过程中，时常会遇到无法填充的问题。这是因为该填充区域不是闭合区域。系统会用红色圆圈自动标记出该区域的断开处，用户需检查断开处位置，并将其闭合即可。

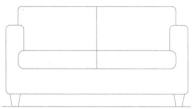

图 9-36　沙发坐垫倒圆角

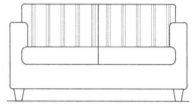

图 9-37　填充沙发靠背区域

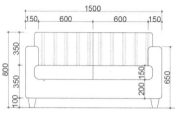

图 9-38　标注沙发立面图

9.2　绘制餐桌椅

目前市面上的餐桌椅形状各种各样，有圆形、方形以及椭圆形等，其设计风格也有很多种，最常见的有现代简约、欧式古典、中式以及美式等。所以在挑选餐桌椅时，需要与室内装修风格相统一，如图 9-39、图 9-40 所示。下面将介绍住宅中常见的餐桌椅规格尺寸及绘制方法。

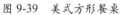

图 9-39　美式方形餐桌

图 9-40　现代简约圆形餐桌

9.2.1　常见餐桌规格尺寸

住宅中常见的餐桌椅尺寸规格如表 9-2 所示。

表 9-2　常见餐桌尺寸

类　型	长　度	宽　度	桌（椅）高
方形	800~1500mm	760~900mm	710~790mm

类型	长　度	宽　度	桌（椅）高
圆形	二人位：直径 500mm；三人位：直径 800mm；四人位：直径 900mm；五人位：直径 1100mm；六人位：直径 1100~1250mm		710~790mm
餐椅	400~560mm	400~560mm	410~450mm

　　餐桌面与餐椅座面高差在 280~320mm 之间，这样的高度差最适合吃饭时的坐姿。在摆放餐桌椅时，餐桌靠近墙面的最小距离为 800mm，这样既能保证把椅子拉出来，又能使就餐人员方便活动的最小距离。至于餐桌面的大小，需要根据就餐的人员和餐厅的大小来选择。对于一些中小户型来说，圆桌选择直径为 1100mm 最为合适，超过这个尺寸，就会显得拥挤。

9.2.2　绘制餐桌椅平面图

　　餐桌椅平面图的绘制方法如下：

Step 01 执行"REC（矩形）"命令，绘制长 1400mm，宽 800mm 的长方形，作为餐桌桌面轮廓，如图 9-41 所示。

Step 02 执行"X（分解）"命令，将矩形进行分解。然后执行"O（偏移）"命令，将桌面轮廓线向内进行偏移，偏移尺寸如图 9-42 所示。

Step 03 执行"H（图案填充）"命令，在"图案"列表中，选择满意的填充图案，并设置好其填充比例、角度以及颜色，将偏移后的图形进行填充，作为餐桌装饰布，如图 9-43 所示。

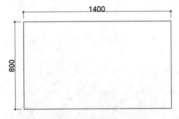

图 9-41　绘制桌面轮廓

图 9-42　偏移轮廓线

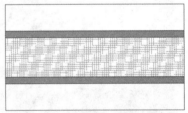

图 9-43　填充餐桌装饰布

Step 04 执行"REC（矩形）"命令，绘制尺寸为 450mm×450mm 的正方形，放置餐桌上方合适位置，作为餐椅轮廓，结果如图 9-44 所示。

Step 05 执行"REC（矩形）"命令，绘制尺寸为 550mm×40mm 的长方形，作为餐椅靠背图形并放置图形合适位置，结果如图 9-45 所示。

Step 06 执行"TR（修剪）"命令，对图形进行修剪，修剪结果如图 9-46 所示。

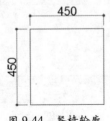

图 9-44　餐椅轮廓

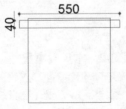

图 9-45　绘制椅背图形

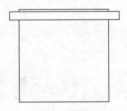

图 9-46　修剪椅背图形

Step 07 执行"B（创建块）"命令，在打开的"块定义"对话框中，单击"选择对象"按钮，框选餐椅图形，然后单击"拾取点"按钮，指定餐椅拾取点，并在"名称"文本框中，输入餐椅名称，如图 9-47 所示。

Step 08 设置完成后，单击"确定"按钮，完成餐椅图块的创建。执行"CO（复制）"命令，将餐椅图形进行复制操作，结果如图 9-48 所示。

图 9-47　创建餐椅图块

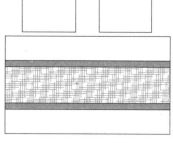

图 9-48　复制餐椅

Step 09 执行"MI（镜像）"命令，将复制后的餐椅图块，以餐桌中线为镜像线进行镜像操作，其结果如图 9-49 所示。

Step 10 执行"RO（旋转）"命令，选中一个餐椅图形，按回车键，指定餐椅旋转基点，输入 C 后，再输入旋转角度 90，按回车键即可将餐椅进行旋转复制操作。执行"M（移动）"命令，将餐椅移至图形合适位置，结果如图 9-50 所示。

Step 11 再次执行"MI（镜像）"命令，将旋转后的餐椅以餐桌中线为镜像线，进行镜像操作，其结果如图 9-51 所示。

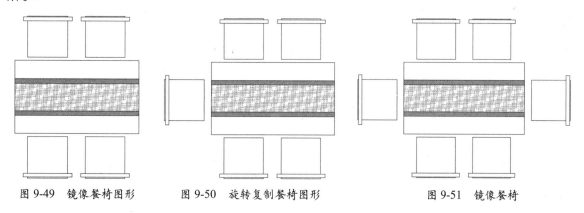

图 9-49　镜像餐椅图形　　　　图 9-50　旋转复制餐椅图形　　　　图 9-51　镜像餐椅

Step 12 执行"I（插入块）"命令，插入人物图块至图形合适位置，结果如图 9-52 所示。

绘图技巧

有时在插入图块后，该图块不在指定区域，这时不是没有插入成功，而是插入的图块不在当前视图范围内，此时只需图形全屏显示，就可查看到图块所在位置，使用移动命令，将该图块移动至图形所需位置即可。

Step 13 执行"线性"命令，标注餐桌尺寸，结果如图 9-53 所示。

Step 14 同样执行"线性"命令，标注餐椅尺寸，如图 9-54 所示。至此餐桌椅平面图已绘制完毕。

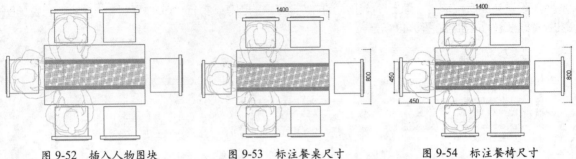

图 9-52　插入人物图块　　　　图 9-53　标注餐桌尺寸　　　　图 9-54　标注餐椅尺寸

9.2.3　绘制餐桌椅立面图

下面将根据餐桌椅平面图，绘制其立面图形，其具体操作如下：

Step 01 执行"构造线"命令，根据餐桌平面图，绘制餐桌立面轮廓，并执行"L（直线）"命令和"TR（修剪）"命令，调整立面轮廓，如图 9-55 所示。

Step 02 执行"O（偏移）"命令，将上边线向下依次偏移 40mm 和 130mm，如图 9-56 所示。

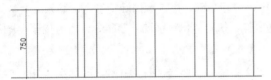　　　　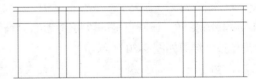

图 9-55　绘制立面轮廓　　　　　　　　图 9-56　偏移线段

Step 03 执行"O（偏移）"命令，再次偏移图形，偏移尺寸如图 9-57 所示。

Step 04 执行"TR（修剪）"命令和"EX（延伸）"命令，将偏移后的图形进行修剪，其结果如图 9-58 所示。

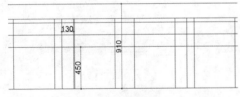　　　　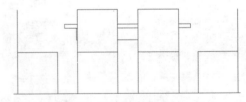

图 9-57　偏移图形　　　　　　　　　图 9-58　修剪延伸图形

Step 05 执行"A（弧线）"命令，绘制椅背弧线，如图 9-59 所示。

Step 06 执行"O（偏移）"命令，将弧线向内偏移 40mm，并删除多余直线，如图 9-60 所示。

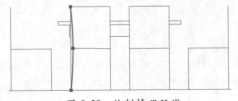　　　　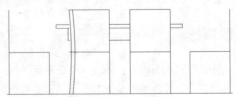

图 9-59　绘制椅背弧线　　　　　　　　图 9-60　偏移弧线

Step 07 执行"MI（镜像）"命令，将两条弧线以椅背中心线为镜像线进行镜像操作，然后删除多余直线，结果如图 9-61 所示。

Step 08 执行"O（偏移）"命令，再次偏移椅背图形，其偏移尺寸如图 9-62 所示。

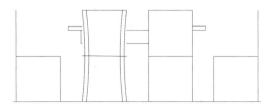

图 9-61　镜像弧线

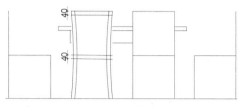

图 9-62　偏移椅背图形

Step 09 执行"TR（修剪）"命令，将偏移后的图形进行修剪操作，结果如图 9-63 所示。

Step 10 执行"L（直线）"命令和"O（偏移）"命令，完成椅背图形的绘制，如图 9-64 所示。

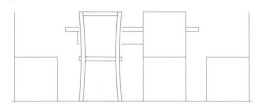

图 9-63　修剪图形

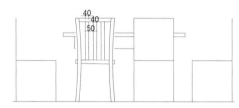

图 9-64　偏移椅背图形

Step 11 执行"O（偏移）"命令，偏移坐凳图形，其偏移尺寸如图 9-65 所示。

Step 12 执行"B（创建块）"命令，将绘制好的座椅图形创建成图块，结果如图 9-66 所示。

绘图技巧

偏移命令只能对图形中的线段、圆弧、曲线进行偏移操作。如果图形是封闭的图形，或是多个图形组成的块，则只能对封闭的图形或图块进行分解后，才可以进行偏移操作。在进行偏移操作时，一定要先输入偏移距离，然后再选择偏移的对象。

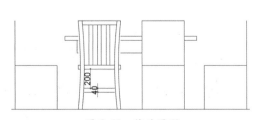

图 9-65　偏移图形

图 9-66　创建座椅图块

Step 13 执行"CO（复制）"命令，将创建好的座椅图块进行复制操作，结果如图 9-67 所示。

Step 14 删除多余的直线。执行"EX（延伸）"命令、"TR（修剪）"命令以及"MI（镜像）"命令，

完成餐桌立面图形的绘制，如图 9-68 所示。

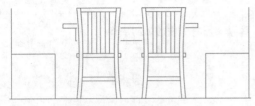

图 9-67 复制座椅图块

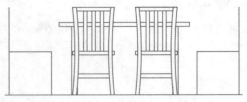

图 9-68 绘制餐桌立面

Step 15 执行"A（弧线）"命令，绘制左侧餐椅靠背轮廓线，结果如图 9-69 所示。

Step 16 删除多余的直线。执行"O（偏移）"命令，偏移餐椅轮廓线，结果如图 9-70 所示。

Step 17 执行"TR（修剪）"命令，对偏移后的图形进行修剪，结果如图 9-71 所示。

Step 18 再次执行"O（偏移）"命令，偏移修剪后的图形，结果如图 9-72 所示。

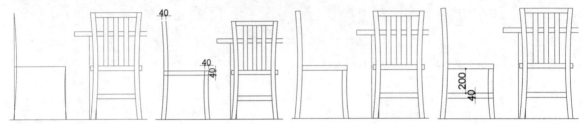

图 9-69 绘制餐椅靠背轮廓线   图 9-70 偏移餐椅轮廓线   图 9-71 修剪图形   图 9-72 偏移图形

Step 19 执行"TR（修剪）"命令和"EX（延伸）"命令，对偏移后的图形进行修剪，如图 9-73 所示。

Step 20 执行"B（创建块）"命令，将绘制好的餐椅侧立面图创建成块，如图 9-74 所示。

图 9-73 延伸和修剪图形

图 9-74 创建块

Step 21 执行"MI（镜像）"命令，将刚创建的图块以餐桌中心点为镜像中心进行镜像操作，结果如图 9-75 所示。

Step 22 删除多余的直线。执行"I（插入块）"命令，将人物图块插入图形中，结果如图 9-76 所示。

Step 23 执行"线性"命令和"连续"命令，对餐桌椅图形进行尺寸标注，如图 9-77 所示。至此餐桌椅立面图形已全部绘制完毕。

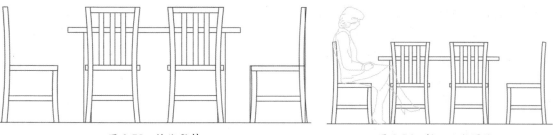

图 9-75　镜像餐椅　　　　　　　　　　图 9-76　插入人物图块

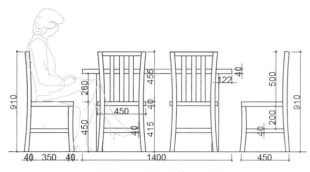

图 9-77　标注餐椅立面图

9.3　绘制电视柜

　　电视柜是家具中的一个种类，它是用来摆放电视机以及其他电器的柜体。随着人们生活水平的提高，与电视相配套的电器设备相应出现，导致电视柜的用途从单一向多元化发展，现在的电视柜可按照室内风格进行分类，有欧式古典式、新中式、现代简约式等。如图 9-78、图 9-79所示。

图 9-78　欧式古典电视柜

图 9-79　新中式电视柜

9.3.1　电视柜规格尺寸

　　通常电视柜大小是需要根据电视机大小来设定的。电视柜规格太大或太小，对于整体的视

觉效果来说，都具有一定的影响。普通的电视柜尺寸规格一般要比电视长三分之二，电视柜高度在400~600mm之间。而现在家庭装饰中客厅沙发尺寸及摆放宽度一般在3000~4000mm之间，正对电视的沙发款式设计多为两人位或三人位，沙发宽度一般在2000mm左右，根据沙发尺寸来进行电视柜尺寸规格确定，电视柜尺寸规格中的宽度最好控制在2000mm左右。一些大户型家庭在电视柜尺寸规格上有所增大。

9.3.2 绘制电视柜正立面图

电视柜正立面图的绘制方法如下：

Step 01 执行"REC（矩形）"命令，分别绘制1400mm×60mm和1340mm×40mm的矩形，垂直居中对齐。然后继续绘制80mm×360mm的矩形，垂直左对齐，如图9-80所示。

Step 02 再次执行"REC（矩形）"命令，捕捉矩形中点，绘制1500mm×270mm的矩形，执行"X（分解）"命令，将矩形进行分解，如图9-81所示。

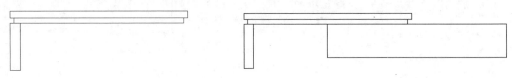

图 9-80 绘制矩形　　　　　　　　图 9-81 绘制并分解矩形

Step 03 执行"O（偏移）"命令，将刚绘制的矩形的底边线段向上偏移30mm，然后执行"DIV（定数等分）"命令，将线段等分成3段，如图9-82所示。

Step 04 执行"L（直线）"命令，绘制等分线。执行"O（偏移）"命令，将等分的矩形底边线向下偏移60mm，左边线向左偏移400mm，如图9-83所示

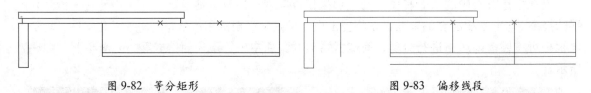

图 9-82 等分矩形　　　　　　　　图 9-83 偏移线段

Step 05 删除所有等分点。执行"F（倒圆角）"命令，将线段倒角成新的矩形，圆角半径为0。然后执行"TR（修剪）"命令，修剪多余部位，如图9-84所示。

Step 06 执行"O（偏移）"命令，将被等分的矩形右边线段向左偏移50mm，将新的矩形底边线段向下偏移30mm，左右线段各向内偏移80mm，如图9-85所示。

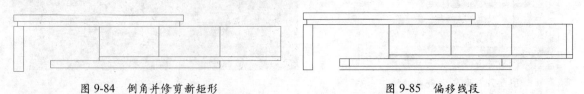

图 9-84 倒角并修剪新矩形　　　　　图 9-85 偏移线段

Step 07 执行"EX（延伸）""F（倒圆角）"和"TR（修剪）"命令，绘制出柜脚，插入花盆的图形文件，如图9-86所示。

Step 08 执行"线性"和"连续"命令，标注出尺寸，如图9-87所示。至此完成电视柜立面图的绘制。

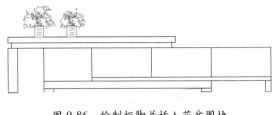

图 9-86　绘制柜脚并插入花盆图块

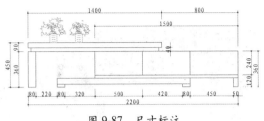

图 9-87　尺寸标注

9.3.3　绘制电视柜侧立面图

电视柜侧立面图绘制方法如下：

Step 01 执行"REC（矩形）"命令，绘制 600mm×450mm 的矩形，执行"X（分解）"和"O（偏移）"命令，将顶边线依次向下偏移 50mm、40mm、240mm、30mm，如图 9-88 所示。

Step 02 继续执行"O（偏移）"命令，将左边线段向右依次偏移 10mm、20mm、540mm、20mm，如图 9-89 所示。

Step 03 执行"TR（修剪）"命令，修剪图形，并同时删除多余线段，如图 9-90 所示。执行"I（插入块）"命令，插入花盆的图形文件。

图 9-88　绘制矩形并将其分解偏移

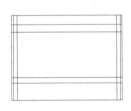

图 9-89　继续偏移线段

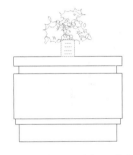

图 9-90　修剪图形并插入花盆图块

Step 04 执行"线性"和"连续"命令，标注出尺寸，如图 9-91 所示。至此完成电视柜侧立面的绘制。

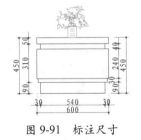

图 9-91　标注尺寸

9.4　绘制中式古典家具

中式古典家具种类可分为四大类，分别为：桌案类、椅凳类、柜架类以及屏风类。当然还有其他一些微型家具，例如镜台、官皮箱、闷户橱等。下面将以八仙桌和太师椅为例，来介绍中式古典家具的绘制方法，如图 9-92、图 9-93 所示。

图 9-92 八仙桌

图 9-93 太师椅

9.4.1 八仙桌规格尺寸

八仙桌是桌面四边长度相等、桌面较宽的方桌。方桌四边，每边可坐两人，四边围坐八人（犹如八仙），故称八仙桌。八仙桌的尺寸比方桌略宽，其标准尺寸一般是四边在 900mm 以上，净高一般在 800mm 左右。现在市面上一般普通家用的八仙桌尺寸是：1000mm×1000mm×880mm。

知识拓展

> 八仙桌结构简单，用料经济，一件家具仅三个部件：腿、边、牙板。桌面边长一般要求在0.9米以上，桌面边抹都做得较宽，攒框打槽，以木板做面心板，面心板通常为两拼，桌面心后面装托带，以增大桌面的牢固度及承重度，也有用瓷板、瘿木、云石作桌面的。

9.4.2 绘制八仙桌立面图

下面介绍八仙桌立面图的绘制方法：

Step 01 执行"REC（矩形）"命令，绘制长 1000mm，宽 190mm 的矩形。捕捉矩形左上角点，绘制长 1000mm，宽 30mm 的圆角矩形，半径设为 15mm，结果如图 9-94 所示。

Step 02 执行"CO（复制）"命令，将圆角矩形垂直复制两次，与线段重合，结果如图 9-95 所示。

图 9-94 绘制矩形和圆角矩形

图 9-95 复制圆角矩形

Step 03 执行"X（分解）"和"O（偏移）"命令，将矩形左边线段向右偏移 20mm，执行"TR（修剪）"命令，修剪图形，如图 9-96 所示。

Step 04 执行"O（偏移）"命令，将线段向右偏移 40mm（A 线段），再依次偏移 880mm、40mm。删除外侧矩形，如图 9-97 所示。

图 9-96　修剪图形

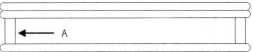

图 9-97　偏移线段

Step 05 继续执行"O（偏移）"命令，将线段 A 向右依次偏移 820/3mm、30mm、820/3mm、30mm，如图 9-98 所示。

Step 06 执行"REC（矩形）"命令，绘制长 200mm，宽 50mm，圆角半径设为 25mm 的圆角矩形，将其放置于矩形的中心位置，并对其进行复制，如图 9-99 所示。

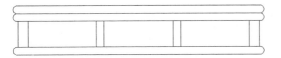

图 9-98　偏移图形

图 9-99　复制圆角矩形

Step 07 执行"O（偏移）"命令，将桌面底边线段向下偏移 690mm，然后执行"EX（延长）"命令，延长出桌腿的位置，如图 9-100 所示。

Step 08 执行"TR（修剪）"命令，修剪掉多余的线段，如图 9-101 所示。

Step 09 执行"样条曲线""圆弧""直线"和"修剪"命令，绘制牙板装饰图形，其尺寸如图 9-102 所示。

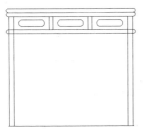

图 9-100　绘制桌腿

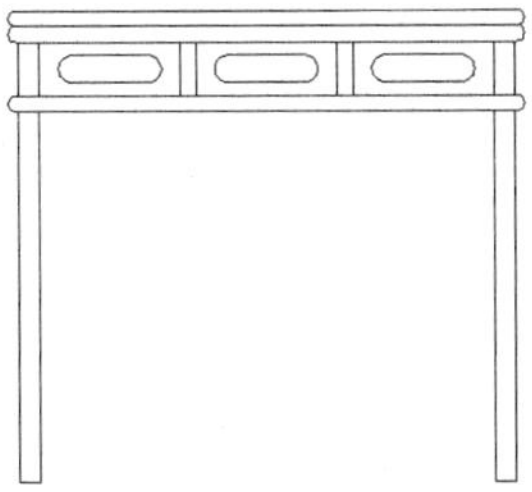

图 9-101　修剪图形

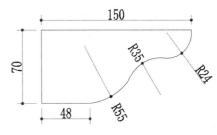

图 9-102　绘制牙板装饰图形

Step 10 将牙板装饰的立面图移动至合适位置，执行"MI（镜像）"命令，镜像牙板装饰图形，如图 9-103 所示。

Step 11 执行"L（直线）"命令，绘制直线，并更改其线段颜色，使其看起来有圆弧效果，如图 9-104 所示。

Step 12 执行"线性"和"连续"命令，对八仙桌进行尺寸标注，结果如图 9-105 所示。至此八仙桌立面图绘制完成。

图 9-103　镜像牙板装饰图形

图 9-104　绘制直线

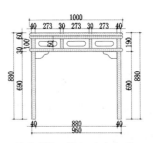

图 9-105　添加尺寸标注

9.4.3 太师椅规格尺寸

清代扶手椅中凡形体较大、庄重而华贵的都可称为"太师椅"，其形式特征、装饰意匠在清式家具中成为突出的典型，故常作为清代扶手椅的代表。一对太师椅或与八仙桌配套，既可以起到画龙点睛的作用，同时又足可以说明主人的品位。通常，太师椅的尺寸为：长 500~700mm，宽 480~520mm，通高 900~1200mm。其中椅子扶手高度在 310~570mm 之间，而脚踏高度大约在 88mm、30mm 或 14mm 左右。

9.4.4 绘制太师椅立面图

下面将介绍太师椅立面图的绘制方法：

Step 01 执行 "REC（矩形）命令，绘制长 600mm，宽 530mm 的矩形，执行"X（分解）"和"O（偏移）"命令，将顶边线依次向下偏移 10mm、14mm、6mm、410mm、20mm、20mm、20 mm，如图 9-106 所示。

Step 02 在上面的矩形内绘制圆角矩形，圆角半径从上到下依次是 5mm、7mm、3mm，如图 9-107 所示。

Step 03 执行 "O（偏移）" 命令，将左边线段依次向右偏移 20mm、35mm、10mm，如图 9-108 所示。

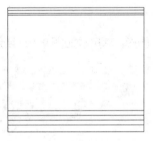

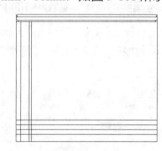

图 9-106 偏移矩形   图 9-107 绘制圆角矩形   图 9-108 偏移图形

Step 04 捕捉左边线段的交点，绘制倾斜线段，执行 "O（偏移）" 命令，将线段向右偏移 20mm，删除多余线段，继续捕捉交点绘制倾斜线段，如图 9-109 所示。

Step 05 删除垂直的线段。执行 "MI（镜像）" 命令，以中点为镜像点，将倾斜线段镜像复制，如图 9-110 所示。

Step 06 执行 "TR（修剪）" 命令，修剪多余线段，如图 9-111 所示。

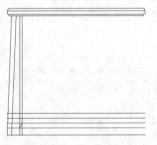
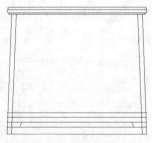
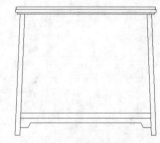

图 9-109 绘制斜线   图 9-110 镜像图形   图 9-111 修剪图形

Step 07 执行 "样条曲线" 命令，绘制椅腿的装饰线条，如图 9-112 所示。

Step 08 执行 "O（偏移）" 命令，将顶边线段向下依次偏移 370mm、20mm，执行 "TR（修剪）" 命令，修剪被遮挡的线段，如图 9-113 所示。

Step 09 执行"O（偏移）"命令，将顶边依次向上偏移 635mm、35mm，捕捉中心点绘制一条垂直线段，如图 9-114 所示。

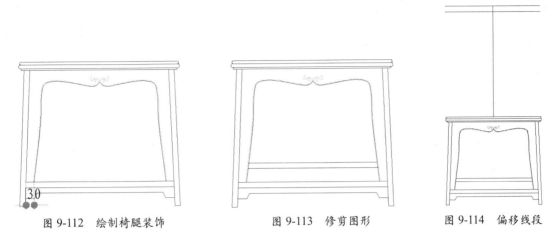

图 9-112　绘制椅腿装饰　　　　　　图 9-113　修剪图形　　　　　　图 9-114　偏移线段

Step 10 执行"O（偏移）"命令，将垂直线段向左依次偏移 90mm、175mm、25mm、20mm，如图 9-115 所示。

Step 11 捕捉交点绘制倾斜线段，执行"TR（修剪）"命令，修剪掉多余线段，然后执行"O（偏移）"命令，将线段向右偏移 20mm，如图 9-116 所示。

Step 12 执行"MI（镜像）"命令，捕捉中点，镜像复制出另一边，如图 9-117 所示。

图 9-115　偏移线段　　　　　　图 9-116　修剪偏移线段　　　　　　图 9-117　镜像线段

Step 13 执行"O（偏移）"命令，将顶边线段向下偏移 12mm，执行"A（圆弧）"命令，捕捉 3 点绘制两段圆弧，如图 9-118 所示。

Step 14 执行"MI（镜像）"命令，镜像复制出另一边的圆弧，执行"TR（修剪）"命令，修剪多余线段，如图 9-119 所示。

Step 15 捕捉中点绘制垂直线段，执行"O（偏移）"命令，分别两边各偏移 80mm，删除中间线段，插入装饰图案，如图 9-120 所示。

Step 16 执行"O（偏移）"命令，将坐板顶边线段向上偏移 200mm，执行"C（圆）"命令，绘制两个直径为 20mm 的圆，如图 9-121 所示。

Step 17 执行"A（圆弧）"命令，绘制扶手部分，执行"TR（修剪）"命令，修剪被遮挡部分，然后执行"MI（镜像）"命令，镜像另一个扶手，如图 9-122 所示。

Step 18 执行"线性"和"连续"命令，标注出尺寸，如图 9-123 所示。至此完成太师椅立面图的绘制。

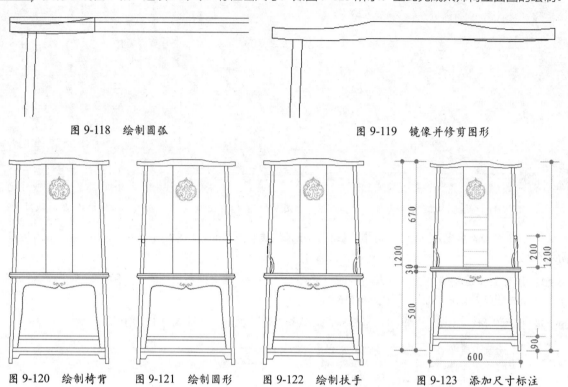

图 9-118　绘制圆弧　　　　　　　　　　图 9-119　镜像并修剪图形

图 9-120　绘制椅背　　图 9-121　绘制圆形　　图 9-122　绘制扶手　　图 9-123　添加尺寸标注

第10章

厨卫洁具设计

厨卫是厨房、卫生间的简称。现代厨卫包含天花吊顶、厨卫家具、整体橱柜、浴室柜、智能家电、浴室取暖器、换气扇、照明系统、集成灶具等厨房卫生间相关用品。相比传统的厨房、卫生间概念，现代厨卫具有功能齐全、适用、美观大方等特点，是现代家具、装修不可缺少的重要组成部分。

知识要点

▲ 绘制厨柜　　　　　　　　　　　　▲ 绘制整体淋浴房

▲ 绘制洗手台盆

10.1 绘制厨柜

厨柜顾名思义，就是存放餐碗厨具以及做饭操作的平台。目前在对住宅设计装修时，厨柜设计不包括在内，通常都需要请专业制作厨柜人员根据厨房大小量身定制。下面将以整体厨房为例，向用户介绍厨柜的一些尺度关系以及绘制方法。

10.1.1 厨柜常规尺寸

厨柜尺寸设计得不合理，施工人员是无法安装的。即使能安装，人们在使用起来也会很不方便。所以其尺寸合理与否是设计厨柜的关键，如图 10-1、图 10-2 所示。

● 地柜尺寸：在进行地柜设计时，通常需要按照使用者身高进行设计。通常 1.7m 以下的使用者，地柜高度为 800mm；而在 1.7m 以上的，地柜高度为 850mm。地柜宽度和水槽的大小有关，能放进最大水槽的宽度即为正常的宽度。家用的水槽最大的是 470mm×880mm，所以做地柜宽度最好在 600~650mm 更为合适。操作台面厚度为 40mm，在操作台下沿边应留出高76mm、深 100mm 的凹槽，可以放入双脚，这样便于使用者靠近操作台操作。

● 吊柜尺寸：以使用者手能够轻松拿取吊柜内的物品为准，其吊柜尺寸最好在 600mm 左右，其深度在 300~370mm 最为适宜。吊柜与地柜之间的距离尺寸应不大于 700mm 最佳。

● 厨柜踢脚线尺寸：一般踢脚线的高度为 80mm。

● 消毒柜尺寸：80 升消毒柜需要宽 585mm，高 580~600mm，进深 500mm；90 升消毒柜需要宽 585mm，高 600mm，进深 500mm；100 升消毒柜需要宽 585mm，高 620~650mm，进深 500mm；110 升消毒柜需要宽 585mm，高 650mm，进深 500mm。

知识拓展

> 　　整体橱柜是指由厨柜、电器、燃气具、厨房功能用具四位一体组成的厨柜组合。整体厨柜是将厨房作为一个整体来看待，它相比一般橱柜，整体橱柜的个性化程度可以更高，厂家可以根据不同需求，设计出不同的成套整体厨房橱柜产物，以求实现厨房工作每一道操作程序的整体协调性。

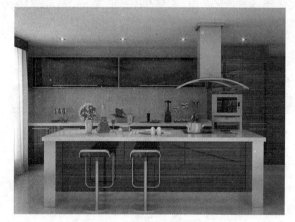

图 10-1　现代简约式厨柜

图 10-2　美式乡村式厨柜

10.1.2　绘制厨柜平面图

厨柜平面图的绘制方法如下：

Step 01 打开"厨房墙体"素材文件。执行"O（偏移）"命令，将墙体线向内偏移 600mm，结果如图 10-3 所示。

Step 02 执行"X（延伸）"命令和"TR（修剪）"命令，将偏移的图形进行修剪，结果如图 10-4 所示。

Step 03 执行"O（偏移）"命令和"L（直线）"命令，绘制吊柜轮廓线，结果如图 10-5 所示。

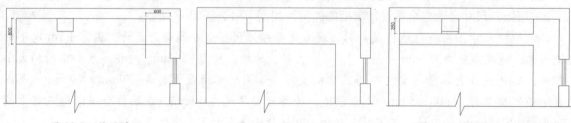

图 10-3　偏移墙线　　　　　图 10-4　修剪图形　　　　　图 10-5　绘制吊柜轮廓线

Step 04 执行"O（偏移）"命令，偏移吊柜轮廓线，结果如图 10-6 所示。

Step 05 再次执行"O（偏移）"命令，将吊柜分割线向内各偏移 10mm，然后执行"TR（修剪）"命令，将图形进行修剪，结果如图 10-7 所示。

Step 06 执行"PL（多段线）"命令，绘制吊柜示意线，如图 10-8 所示。

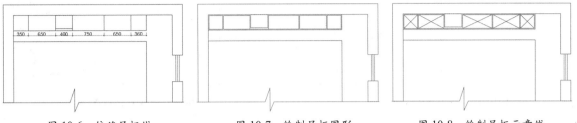

图 10-6　偏移吊柜线　　　　　图 10-7　绘制吊柜图形　　　　　图 10-8　绘制吊柜示意线

Step 07 选择示意线，在"特性"面板中，设置示意线线型及颜色，其结果如图 10-9 所示。

Step 08 执行"I（插入块）"命令，插入水槽、燃气灶图块至厨柜台面合适位置，如图 10-10 所示。

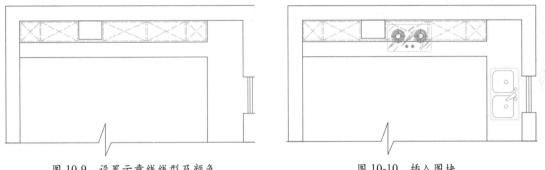

图 10-9　设置示意线线型及颜色　　　　　　　图 10-10　插入图块

Step 09 执行"线性"命令和"连续"命令，将厨柜平面图进行尺寸标注，如图 10-11 所示。

Step 10 执行"格式"→"多重引线样式"命令，打开"多重引线样式管理器"对话框，单击"修改"按钮，打开"修改多重引线样式"对话框，在"内容"选项卡中，将"文字高度"设为 100，在"引线格式"选项卡中，将箭头大小设为 80，单击"确定"按钮，将当前样式置为当前，如图 10-12 所示。

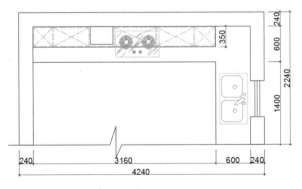

图 10-11　标注尺寸

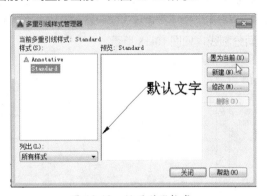

图 10-12　设置引线格式

Step 11 执行"多重引线"命令，在平面图中指定好引线的起点与引线基点，并输入引线内容，结果如图 10-13 所示。

Step 12 按照同样的操作方法，标注吊柜材质，结果如图 10-14 所示。至此厨柜平面图已绘制完毕。

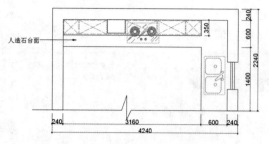

图 10-13 标注厨柜台面材质

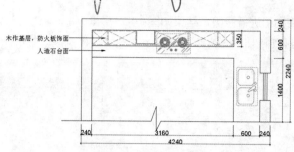

图 10-14 标注吊柜材质

10.1.3 绘制厨柜立面图

厨柜立面图绘制方法如下：

Step 01 执行"构造线""L（直线）"以及"TR（修剪）"命令，根据厨柜平面图绘制立面轮廓线，如图 10-15 所示。

Step 02 执行"O（偏移）"命令，将地平线向上依次偏移 760mm、40mm、50mm、590mm、700mm，如图 10-16 所示。

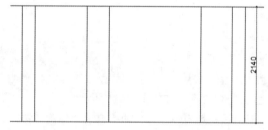

图 10-15 绘制厨柜立面轮廓

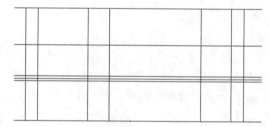

图 10-16 偏移地平线

Step 03 执行"TR（修剪）"命令，将偏移后的线段进行修剪，结果如图 10-17 所示。

Step 04 执行"L（直线）""O（偏移）"以及"TR（修剪）"命令，按照吊柜平面分割线，绘制其立面分割线，如图 10-18 所示。

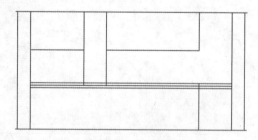

图 10-17 修剪线段

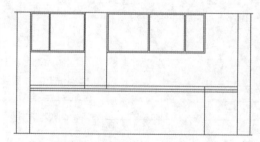

图 10-18 绘制吊柜立面造型

Step 05 执行"I（插入块）"命令，插入油烟机图块至吊柜合适位置，结果如图 10-19 所示。

Step 06 执行"TR（修剪）"命令和"L（直线）"命令，调整吊柜立面造型，如图 10-20 所示。

Step 07 执行"L（直线）""O（偏移）"和"TR（修剪）"命令，绘制吊柜柜门，结果如图 10-21 所示。

Step 08 执行"REC（矩形）"命令，绘制柜门拉手，然后执行"PL（多段线）"命令，绘制吊柜柜门示意线，并更改其线型及颜色，结果如图 10-22 所示。

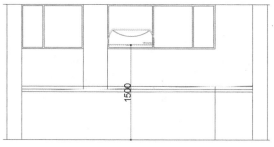

图 10-19　插入油烟机图块

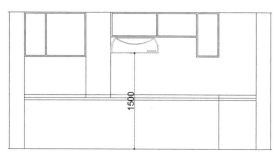

图 10-20　调整吊柜立面造型

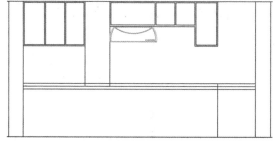

图 10-21　绘制吊柜门

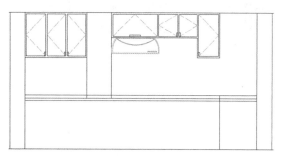

图 10-22　绘制柜门把手及示意线

Step 09 执行"O（偏移）"和"TR（修剪）"命令，绘制地柜轮廓线，结果如图 10-23 所示。

Step 10 执行"L（直线）""O（偏移）"和"TR（修剪）"命令，绘制地柜柜门，如图 10-24 所示。

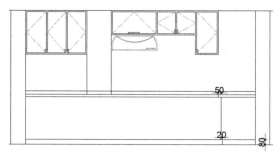

图 10-23　绘制地柜轮廓线

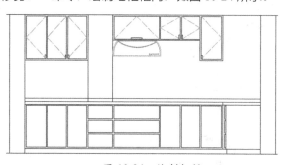

图 10-24　绘制柜门

Step 11 执行"CO（复制）"命令，将吊柜拉手复制到地柜柜门合适位置，如图 10-25 所示。

Step 12 执行"PL（多段线）"命令，绘制地柜柜门示意线，并更改其线型及颜色，结果如图 10-26 所示。

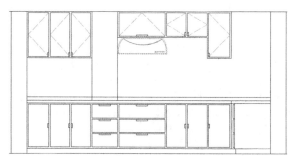

图 10-25　复制拉手

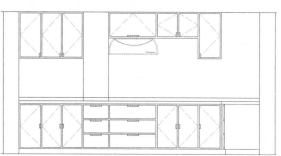

图 10-26　绘制柜门示意线

知识拓展

多段线和直线，这两者之间有很大的区别。其中最大的区别在于，多段线无论绘制多少线段，它最后都形成一个整体，而直线则不是，每绘制一根直线，它都是一个独立对象；其次，多段线可以调整线段的宽度，而直线不可以。在 AutoCAD 中除了多段线外，还有几种图形其实也是多段线，只是形状相对比较特殊，绘制时的参数和方式也各不相同，如矩形、多边形和圆环等。

Step 13 执行"I（插入块）"命令，将燃气灶、水槽等厨具图块插入至图形中，结果如图 10-27 所示。

Step 14 执行"O（偏移）"命令，绘制尺寸为 200mm×300mm 的墙砖，如图 10-28 所示。

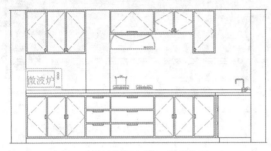

图 10-27　插入图块

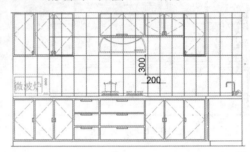

图 10-28　绘制墙砖

Step 15 执行"TR（修剪）"命令，将偏移的线段进行修剪，结果如图 10-29 所示。

Step 16 选择墙砖图形，在"特性"面板中，对其线型的颜色进行设置，如图 10-30 所示。

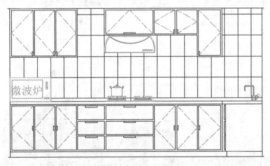

图 10-29　修剪线段

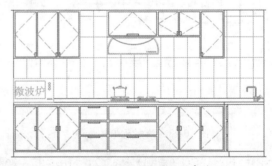

图 10-30　更改线段颜色

Step 17 执行"H（图案填充）"命令，将厨房墙体进行填充，其结果如图 10-31 所示。

Step 18 再次执行"H（图案填充）"命令，填充玻璃柜门，如图 10-32 所示。

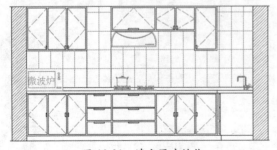

图 10-31　填充厨房墙体

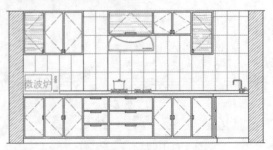

图 10-32　填充玻璃柜门

Step 19 执行"线性"和"连续"命令，对厨柜进行尺寸标注，结果如图 10-33 所示。

Step 20 执行"多重引线"命令，对厨柜材质进行标注，如图 10-34 所示。至此厨柜立面图已全部绘制完毕。

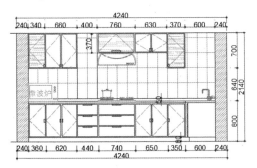

图 10-33 标注厨柜尺寸

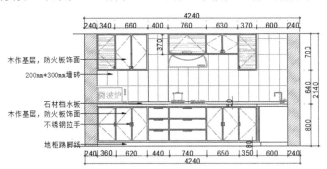

图 10-34 标注厨柜材质

10.1.4 绘制欧式厨柜立面图

下面将对欧式橱柜立面图的绘制操作进行介绍。

Step 01 执行"REC（矩形）"命令，绘制长 3500mm、宽 900mm 的矩形，执行"X（分解）"和"O（偏移）"命令，将矩形顶边线段向下依次偏移 50mm、150mm、600mm，如图 10-35 所示。

Step 02 继续执行"O（偏移）"命令，将左边线段向右依次偏移 650mm、50mm、450mm、450mm、450mm、450mm、400mm 和 50mm，如图 10-36 所示。

图 10-35 绘制并偏移矩形

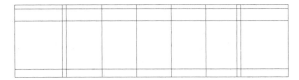

图 10-36 偏移线段

Step 03 执行"TR（修剪）"命令，修剪多余线段，结果如图 10-37 所示。

Step 04 执行"O（偏移）"命令，将线段向上偏移 250mm，然后执行"EX（延伸）"命令，闭合图形，如图 10-38 所示。

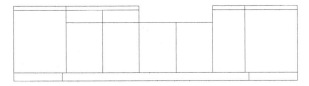

图 10-37 修剪线段

图 10-38 偏移闭合图形

Step 05 执行"O（偏移）"命令，将顶边线段向下依次偏移 300mm、400mm，将左边线段向右依次偏移 750mm、250mm，更改偏移线段的颜色，如图 10-39 所示。

Step 06 执行"TR（修剪）"命令，修剪多余线段，然后执行"CO（复制）"命令，向右依次定点复制，如图 10-40 所示。

Step 07 执行"拉伸"命令，将上一步骤所复制的最右侧的装饰线段进行拉伸处理，如图 10-41 所示。

Step 08 绘制长 12mm、宽 240mm 的矩形做柜门和抽屉的把手，执行"CO（复制）""RO（旋转）"和"M

（移动）"命令，将把手移动至合适位置，如图 10-42 所示。

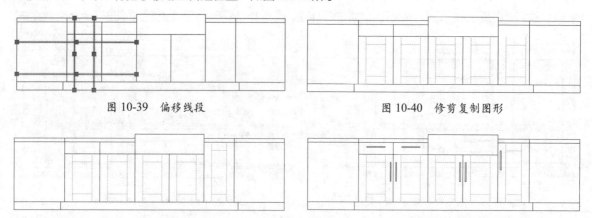

图 10-39　偏移线段　　　　　　　　图 10-40　修剪复制图形

图 10-41　拉伸图形　　　　　　　　图 10-42　绘制把手

Step 09 执行"I（插入）"命令，插入水龙头的立面图形文件，如图 10-43 所示。

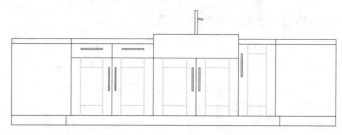

图 10-43　插入水龙头图块

Step 10 绘制长 400mm，宽 950mm 的矩形，执行"O（偏移）"命令，将矩形向内偏移 80mm，然后执行"CO（复制）"命令，指定基点向右依次复制 5 次，如图 10-44 所示。

Step 11 绘制长 2400mm，宽 50mm 的矩形，并将其垂直对齐，如图 10-45 所示。

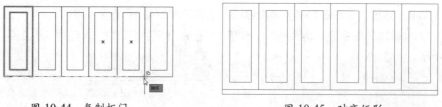

图 10-44　复制柜门　　　　　　　　图 10-45　对齐矩形

Step 12 执行"I（插入）"命令，插入抽油烟机及吊灯图块，然后执行"TR（修剪）"命令，修剪被遮挡部分线段，如图 10-46 所示。

Step 13 绘制长 2400mm，宽 20mm 的矩形及两个椭圆形做挂架，将挂架移动至吊柜下方，如图 10-47 所示。

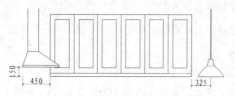
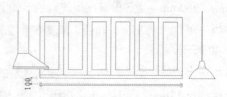

图 10-46　插入图块　　　　　　　　图 10-47　绘制挂架图形

Step 14 执行"M（移动）"命令，将吊柜移动至橱柜上方，垂直左对齐，吊柜距离橱柜 600mm，如图 10-48 所示。

Step 15 执行"H（图案填充）"命令，将填充图案设为"AR-RROOF"，角度设为 45°，比例为 20，将吊柜进行填充，然后执行"线性"命令，标注出具体尺寸，如图 10-49 所示。

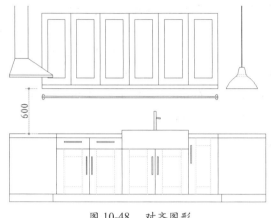

图 10-48 对齐图形

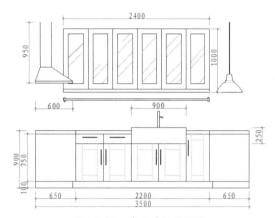

图 10-49 填充并标注图形

10.2 绘制洗手台盆

台盆是一种洁具，卫生间内用于洗脸，洗手的瓷盆。台盆除了色彩缤纷外，还以不规则的几何形态出现，不仅有圆润的半圆形、严肃的方形，还有有棱有角的三角形、五角星形，甚至花瓣形状，令观者体味到其中的不少趣味，如图 10-50、图 10-51 所示。

图 10-50 异形台盆

图 10-51 彩绘台盆

10.2.1 洗手台盆常规尺寸

洗手台盆分台上盆和台下盆两种。这两种台盆本身没有区别，只是安装上有差异而已。其尺寸需要根据卫生间的情况来定。对于台下盆和挂盆来说，其尺寸比较重要，在挑选台盆时需要了解清楚该台盆的尺寸，否则将无法安装。而台上盆其尺寸相对来说不太重要，只要不是偏差太离谱，一般都可以接受。一般情况下，如果对台盆高度没有特别要求，那么安装时要保持池面或台面离地高度在 800~850mm 之间。

台上盆的尺寸：400mm×150mm×240mm、536mm×438mm×192mm、590mm×400mm×150mm、540mm×380mm×180mm、475mm×375mm×130mm、410mm×330mm×145mm（以上台盆包括圆形、椭圆形、方形、不规则形台上盆）。

台 下 盆 的 尺 寸：600mm×460mm×185mm、600mm×380mm×210mm、430mm×430mm×150mm、435mm×435mm×155mmm。

挂 墙 式 台 盆 的 尺 寸：500mm×430mm×450mm、420mm×280mm×150mm、420mm×280mm×150mm、460mm×320mm×150mm、800mm×460mm×450mm。

10.2.2　绘制台上盆立面图

下面将对台上盆立面图的绘制操作进行介绍。

Step 01 执行"矩形"命令绘制长 1200mm，宽 780mm 的矩形，执行"X（分解）"和"O（偏移）"命令，将顶边线段向下依次偏移 80mm、50mm、50mm、450mm，如图 10-52 所示。

Step 02 继续执行"O（偏移）"命令，将左边线段向右依次偏移 20mm、580mm、580mm，如图 10-53 所示。

Step 03 执行"TR（修剪）"命令，修剪多余线段，结果如图 10-54 所示。

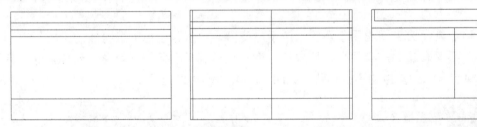

图 10-52　绘制并偏移矩形　　　　图 10-53　偏移矩形边线　　　　图 10-54　修剪图形

Step 04 执行"矩形"命令绘制长 800mm，宽 210mm 的矩形，并将其进行分解，如图 10-55 所示。

Step 05 执行"O（偏移）"命令，将刚绘制的矩形左边线向右偏移 150mm，如图 10-56 所示。

Step 06 捕捉三点绘制圆弧，执行"MI（镜像）"命令，将圆弧镜像复制，如图 10-57 所示。

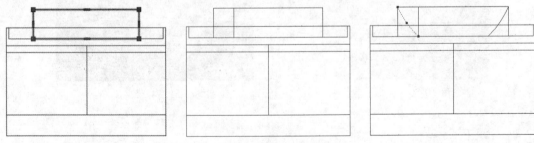

图 10-55　绘制并分解矩形　　　　图 10-56　偏移矩形边线　　　　图 10-57　镜像圆弧

Step 07 执行"TR（修剪）"命令，修剪删除多余线段。然后执行"I（插入块）"命令，插入水龙头图块，如图 10-58 所示。

Step 08 执行"H（图案填充）"命令，将图案设为"AR-CONO"，角度为 0°，比例为 0.3，填充台面区域，如图 10-59 所示。

Step 09 执行"O（偏移）"命令，将最底边线段向上依次偏移 1180mm、800mm、420mm。执行"EX（延伸）"命令，延伸线段，如图 10-60 所示。

Step 10 执行"O（偏移）"命令，将左边线段向右依次偏移 300mm、800mm，执行"TR（修剪）"命令，修剪多余线段，如图 10-61 所示。

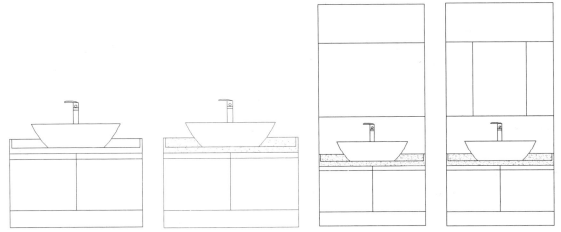

图 10-58　插入水龙头图块　　图 10-59　填充台面区域　　图 10-60　偏移延伸线段　　图 10-61　偏移修剪线段

Step 11 执行"H（图案填充）"命令，将图案填充为"AR-RROOF"，角度设为 45°，比例为 20，将镜子进行填充。再次执行"图案填充"命令，将图案设为"AR-CONO"，角度为 0°，比例为 5，将墙面进行填充。如图 10-62 所示。

Step 12 执行"I（插入块）"命令，插入花盆图块，然后执行"TR（修剪）"命令，修剪图形，再执行"线性"和"多重引线"命令，添加尺寸标注及材料注释，如图 10-63 所示。至此台上盆立面图已绘制完毕。

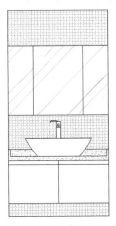

图 10-62　填充图形

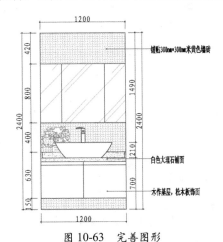

图 10-63　完善图形

10.2.3　绘制台下盆立面图

下面将对台下盆立面图的绘制操作进行介绍。

Step 01 执行"矩形"命令，绘制长 1500mm，宽 950mm 的矩形，执行"X（分解）"和"O（偏移）"命令，将顶边线段依次向下偏移 50mm、30mm、670mm，如图 10-64 所示。

Step 02 继续执行"O（偏移）"命令，将左边线段向右依次偏移 15mm、65mm、670mm、670mm、65mm、15mm，如图 10-65 所示。

Step 03 执行"TR（修剪）"命令，修剪多余线段，结果如图 10-66 所示。

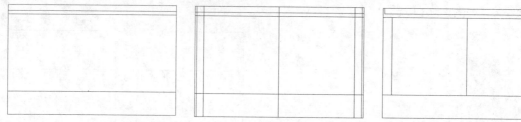

图 10-64 绘制并偏移矩形   图 10-65 偏移矩形边线   图 10-66 修剪线段

Step 04 执行"O（偏移）"命令，将顶边线段向下偏移 35mm，如图 10-67 所示。

Step 05 继续执行"O（偏移）"命令，将线段向右依次偏移 385mm、20mm、640mm、20mm，连接端点绘制倾斜线段，如图 10-68 所示。

Step 06 执行"TR（修剪）"命令，修剪多余线段，如图 10-69 所示。

图 10-67 偏移线段   图 10-68 偏移线段   图 10-69 修剪线段

Step 07 捕捉对角点绘制矩形，执行"O（偏移）"命令，将矩形向内依次偏移 60mm、15mm、15mm，并更改偏移矩形颜色，如图 10-70 所示。

Step 08 绘制宽 16mm，高 160mm 的椭圆做把手，执行"MI（镜像）"命令，垂直镜像复制到另一边，如图 10-71 所示。

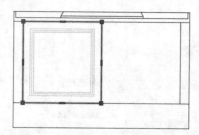
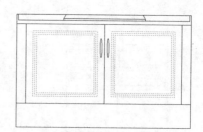

图 10-70 偏移矩形并更改颜色   图 10-71 绘制把手

Step 09 执行"O（偏移）"命令，将底边线段向上偏移 2400mm，然后执行"倒角"命令，闭合图形，如图 10-72 所示。

Step 10 绘制长为 600mm，高 800mm 的椭圆，垂直居中，执行"O（偏移）"命令，将椭圆向外偏移 60mm，如图 10-73 所示。

Step 11 执行"H（图案填充）"命令，将填充图案设为"AR-CONO"，角度为 0°，比例为 5，将墙面进行填充，执行"插入"命令，插入"镜前灯""水龙头"立面图块，如图 10-74 所示。

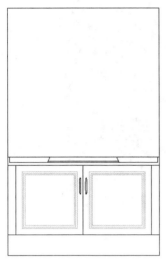
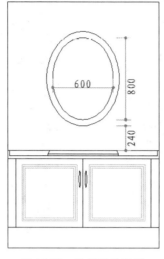

图 10-72　绘制墙体　　　　　图 10-73　绘制镜子图形　　　　　图 10-74　填充墙体

Step 12 执行"线性"命令，为图纸添加尺寸标注，如图 10-75 所示。

Step 13 执行"多重引线"命令，为图纸添加材料注释，如图 10-76 所示。至此台下盆立面图已绘制完毕。

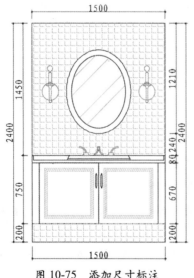
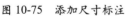
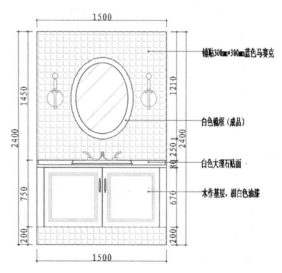

图 10-75　添加尺寸标注　　　　　　　图 10-76　添加材料注释

10.3　绘制整体淋浴房

　　整体淋浴房是一种无蒸汽发生装置，由喷淋装置、淋浴房体、淋浴屏、顶盖、底盆或浴缸组成的一个卫生单元，淋浴房的基本结构为底盘加围栏。淋浴房的款式有很多，主要有立式角

形淋浴房和一字形浴屏、浴缸上浴屏，如图 10-77、图 10-78 所示。

图 10-77 立式角形淋浴房

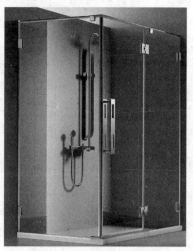

图 10-78 一字形淋浴房

10.3.1 淋浴房常规尺寸

淋浴房按尺寸可分为：标准的钻石形淋浴房，其尺寸有：900mm×900mm、900mm×1200mm、1000mm×1000mm、1200mm×1200mm 四种规格；标准的方形淋浴房，其尺寸有：800mm×1000mm、900mm×1000mm、1000mm×1000mm 三种规格；标准的弧扇形淋浴房，其尺寸有：900mm×900mm、900mm×1000mm、900mm×1200mm、1000mm×1000mm、1000mm×1300mm、1000mm×1100mm、1200mm×1200mm，标准高度有 1900mm 和 1950mm。

10.3.2 绘制整体淋浴房平面图

下面将对整体淋浴房平面图的绘制操作进行介绍。

Step 01 执行"矩形"命令，绘制长 1000mm，宽 1000mm 的矩形，执行"X（分解）"和"O（偏移）"命令，将顶边线段向下依次偏移 948mm、20mm、12mm，如图 10-79 所示。

Step 02 继续执行"O（偏移）"命令，将左边线段向右依次偏移 948mm、20mm、12mm，连接中点绘制倾斜线段，如图 10-80 所示。

Step 03 执行"O（偏移）"命令，将绘制的线段向上依次偏移 20mm、12mm、20mm，如图 10-81 所示。

图 10-79 绘制偏移矩形

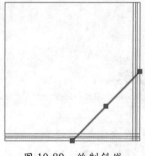

图 10-80 绘制斜线

图 10-81 偏移斜线

Step 04 执行"TR（修剪）"命令，修剪偏移的线段，结果如图 10-82 所示。

Step 05 执行"I（插入）"命令，插入花洒及置物架图块。执行"H（图案填充）"命令，将地面部分进行填充，其图案为 ANSI31，角度为 90°，比例为 30，如图 10-83 所示。

Step 06 执行"线性"命令，添加尺寸标注，结果如图 10-84 所示。至此整体淋浴房平面图已绘制完毕。

📘 **绘图技巧**

在 AutoCAD 软件中，用户可以使用"倒圆角"命令，来对断开的图形进行闭合操作。只需执行"倒圆角"命令，将圆角半径设为 0，然后选中要闭合的两条线段即可。

图 10-82　修剪图形　　　　图 10-83　插入图块填充地面　　　　图 10-84　添加尺寸标注

10.3.3　绘制整体淋浴房立面图

下面将对整体淋浴房立面图的绘制操作进行介绍。

Step 01 绘制长 1000mm，宽 1900mm 的矩形，执行"X（分解）"和"O（偏移）"命令，将顶边线段向下依次偏移 100mm、30mm、1660mm 和 30mm，如图 10-85 所示。

Step 02 继续执行"O（偏移）"命令，将左边线段向右依次偏移 60mm、340mm、100mm、468mm、12mm，如图 10-86 所示。

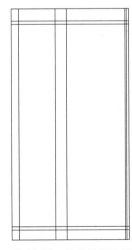

图 10-85　绘制并偏移矩形　　　图 10-86　偏移矩形边线

Step 03 执行"TR（修剪）"命令，修剪多余线段，连接交点绘制倾斜线段，结果如图 10-87 所示。

Step 04 执行"TR（修剪）"命令，修剪多余线段，绘制长 330mm，宽 30mm，圆角半径为 15mm 的圆角矩形，作为门把手，如图 10-88 所示。

Step 05 执行"I（插入）"命令，插入花洒及置物架图块，如图 10-89 所示。

知识拓展

在对整体淋浴房进行设计时，需要注意几点：1.受力结构要合理，线条应流畅明快；2.主骨架铝合金厚度最好在 1.1mm 以上，门的开启方向是否方便轻巧；3.采用同层排水时，应采用多通道地漏；4.淋浴房的玻璃应采用通过 3C 认证的钢化玻璃或钢化夹层玻璃。

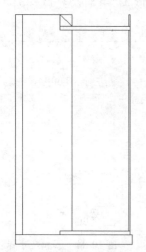

图 10-87　修剪图形并绘制斜线

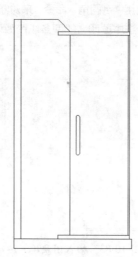

图 10-88　绘制拉手

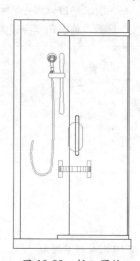

图 10-89　插入图块

Step 06 执行"H（图案填充）"命令，填充玻璃区域，其填充图案为"AR-RROOF"，角度设为45°，比例为 20，如图 10-90 所示。

Step 07 执行"线性"和"多重引线"命令，添加尺寸标注及材料注释，如图 10-91 所示。至此完成整体淋浴房立面图的绘制。

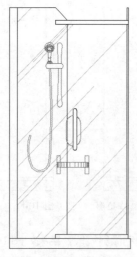

图 10-90　填充玻璃区域

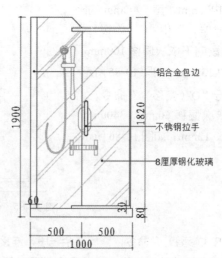

图 10-91　添加尺寸标注及材料注释

第11章

卧房家具设计

卧室，即指供人在其内休息的房间，与客厅相比其摆设较为简单，常见的家具包括双人床、婴儿床、衣帽柜等。本章将对上述这些家具的绘制方法进行介绍，以使读者更好地掌握并应用所学知识。

知识要点

▲ 绘制双人床　　　　　　　　　　▲ 绘制衣帽柜

▲ 绘制婴儿床　　　　　　　　　　▲ 绘制大衣柜

11.1 绘制双人床

双人床是由基本的床头板、床尾板及骨架组成，结构虽然简单，却能营造不同的风格，如图 11-1、图 11-2 所示。下面将以欧式双人床为例，来介绍床平面以及立面图的绘制方法。

图 11-1　方形双人床

图 11-2　圆形双人床

11.1.1　双人床常见规格尺寸

目前市面上常见的双人床有两类，分别为方形床和圆形床。其尺寸规格如下：

双人床：宽度 1350mm，1500mm，1800mm；长度 1800mm，1860mm，2000mm，2100mm；

圆床：直径 1860mm，2125mm，2424mm；

高度：200mm~350mm（不加床垫），传统为 400mm，床的最佳高度为 340mm。

11.1.2　绘制双人床平面图

下面将介绍双人床平面图的绘制方法。

Step 01 打开"卧室户型"素材文件，如图 11-3 所示。

Step 02 执行"REC（矩形）"命令，绘制长 1800mm，宽 2000mm 的矩形作为床板，如图 11-4 所示。

Step 03 执行"X（分解）"命令，将矩形进行分解。执行"O（偏移）"命令，将顶边向下偏移 60mm，将其余三条边各向内偏移 30mm，以绘制床垫，结果如图 11-5 所示。

Step 04 执行"F（倒圆角）"命令，将圆角半径设为 100mm，对矩形的两个角实施圆角操作。重复执行"F（倒圆角）"命令，圆角半径设为 200mm，将偏移出来的床垫进行倒圆角，如图 11-6 所示。

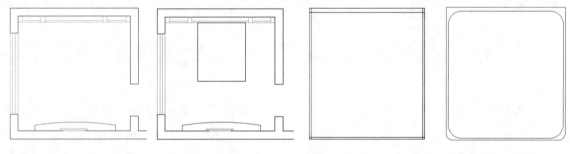

图 11-3　打开素材文件　　图 11-4　绘制矩形　　图 11-5　分解偏移矩形边　　图 11-6　倒圆角

Step 05 执行"O（偏移）"命令，将矩形的顶边向下偏移 450mm，执行"TR（修剪）"命令，修剪多出来的线条，执行"A（圆弧）"命令，绘制多条圆弧作为被子的装饰线条，结果如图 11-7 所示。

Step 06 执行"A（圆弧）"命令，绘制出枕头的四个边，并进行适当调整。随后为其添加修饰线条，最后将枕头放入合适位置，结果如图 11-8 所示。

知识拓展

学龄前的婴儿床的尺寸多在 1000~1200mm，宽在 650~750mm 之间，床高在 400mm 左右；到了学龄期阶段儿童床设计可基本参照成人床考虑，铺面净长一般为 1920mm，宽为 800mm、900mm、1000mm 三个标准。铺面高度以在 400~440mm 为宜。设计双层床时，要注意下铺面至上铺底板的尺寸。一般层间净高应不小于 950mm，以保证孩子有足够的活动范围。

Step 07 执行"MI（镜像）"命令，绘制出另一个枕头。执行"REC（矩形）"命令，绘制一个 500mm×500mm 的矩形作为床头柜，并镜像出另外一个，如图 11-9 所示。

Step 08 执行"I（插入块）"命令，将台灯图块放置于床头柜合适位置，效果如图 11-10 所示。至此完成双人床平面图的绘制。

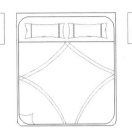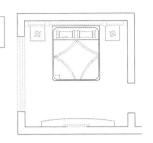

图 11-7　绘制被子装饰　　图 11-8　绘制枕头　　　图 11-9　绘制床头柜　　　图 11-10　插入台灯图块

11.1.3　绘制双人床立面图

下面将对双人床的立面图绘制操作进行介绍。

Step 01 执行"REC（矩形）"命令，绘制尺寸为3400mm×1800mm和另一个尺寸为1740mm×160mm的两个矩形，并垂直居中对齐。执行"X（分解）"命令，将矩形进行分解，结果如图 11-11 所示。

Step 02 执行"REC（矩形）"命令，绘制长 1420mm，宽 580mm 的矩形，与上面的矩形垂直居中对齐，执行"X（分解）"命令，分解矩形，并删除矩形底边线，然后执行"O（偏移）"命令，依次向外偏移 80mm 和 60mm，结果如图 11-12 所示。

Step 03 执行"A（圆弧）"命令，绘制圆弧，然后执行"O（偏移）"命令，将圆弧依次向上偏移 80mm 和 60mm。执行"TR（修剪）"命令，修剪多余的线段并适当的调整，结果如图 11-13 所示。

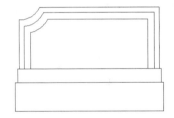

图 11-11　绘制矩形　　　　　图 11-12　绘制并偏移矩形　　　　图 11-13　偏移圆弧

Step 04 执行"MI（镜像）"命令，捕捉矩形中点为镜像点，完成镜像。执行"TR（修剪）"命令，修剪多余的线段，如图 11-14 所示。

Step 05 执行"I（插入块）"命令，将床头立柱放置于床头合适位置，选中立柱图形，执行"MI（镜像）"命令，将其进行镜像操作，然后修剪掉被床垫遮挡的部分，如图 11-15 所示。

Step 06 执行"REC（矩形）"命令，绘制长 450mm，宽 780mm 的矩形，执行"样条曲线"命令，在矩形中绘制出枕头的大概形状，删掉矩形，然后对其进行调整，结果如图 11-16 所示。

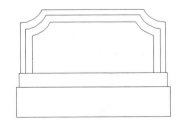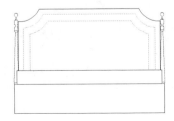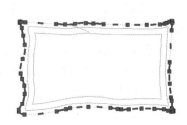

图 11-14　绘制床靠板　　　　图 11-15　镜像立体　　　　　图 11-16　绘制枕头轮廓

Step 07 复制枕头。执行"样条曲线"命令，绘制抱枕，执行"TR（修剪）"命令，修剪图形，使其更有立体感，随意添加修饰线条，如图 11-17 所示。

Step 08 继续执行"样条曲线"命令，在另一个枕头上绘制大的抱枕，随意添加修饰线条，结果如图 11-18 所示。

Step 09 将枕头放到双人床上合适的位置，执行"TR（修剪）"命令，修剪掉被枕头遮住的部分，如图 11-19 所示。

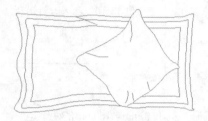

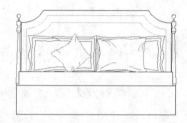

图 11-17 绘制小抱枕　　　　图 11-18 绘制大抱枕　　　　图 11-19 修剪图形

Step 10 执行"样条曲线"命令，绘制被子的大概形状进行调整，执行"TR（修剪）"命令，修剪遮住的部分，随意画一些直线做床单的装饰，结果如图 11-20 所示。

Step 11 执行"REC（矩形）""L（直线）"和"A（圆弧）"命令，绘制出卧室的立面图，将双人床移动到卧室内的中心位置，如图 11-21 所示。

Step 12 执行"I（插入）"命令，插入床头柜和吊灯的图形文件，并将其摆放在合适位置，结果如图 11-22 所示。至此完成双人床立面图的绘制。

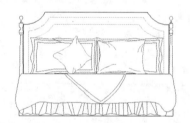
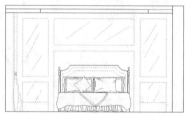
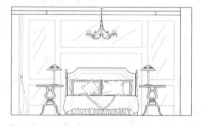

图 11-20 绘制床单装饰　　　　图 11-21 绘制卧室立面　　　　图 11-22 调入图块

11.2 绘制婴儿床

　　婴儿床款式多种多样，其主要是由护栏、床板和床垫组成，部分在底部设有收纳篮。在设计时，要注意安全和实用相结合的原则。目前市面上的婴儿床可分为四大类，分别为：实木婴儿床、竹制婴儿床、藤制婴儿床以及多种材料混合婴儿床，如图 11-23、图 11-24 所示。

图 11-23 实木婴儿床　　　图 11-24 竹制婴儿床

11.2.1　婴儿床规格尺寸

婴儿床护栏不宜高过 350mm，否则大人不方便抱婴儿；床垫不宜低于 500mm；一般婴儿床宽不宜超过 750mm，而长不宜超过 1200mm；婴儿床扶栏缝隙宽度通常在 60mm 之内。

目前婴儿床的具体尺寸为：长 1200~1400mm，宽 600~700mm，高 900~1100mm。

11.2.2　绘制婴儿床平面图

下面介绍婴儿床平面图的绘制方法。

Step 01 执行"REC（矩形）"命令，绘制长 1200mm，宽 700mm 的长方形，作为婴儿床床板。执行"X（分解）"命令，将长方形进行分解，如图 11-25 所示。

Step 02 执行"O（偏移）"命令，将长方形四条边线分别向内偏移 40mm，如图 11-26 所示。

Step 03 执行"TR（修剪）"命令，将图形进行修剪，其后执行"BR（打断）"命令，将长方形上下两条边线打断，结果如图 11-27 所示。

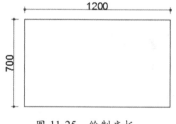

图 11-25　绘制床板

图 11-26　偏移边线

图 11-27　打断边线

Step 04 执行"F（倒圆角）"命令，将床扶手进行倒圆角，圆角半径为 15mm，结果如图 11-28 所示。

> **绘图技巧**
>
> 在绘图过程中，如果想将绘图区左下角的坐标系进行隐藏，则可在命令行中输入 UCSICO 命令，按回车键，将其系统参数设为 OFF，回车即可，反之 ON 则为打开。

Step 05 执行"O（偏移）"命令，将床板上下两条边线分别向外偏移 25mm，结果如图 11-29 所示。

Step 06 执行"I（插入块）"命令，将枕头图块插入平面图中，然后执行"SC（缩放）"命令，选中插入的枕头图块，在命令行中输入缩放比例为 0.7，将枕头按照比例缩小，结果如图 11-30 所示。

图 11-28　扶手倒圆角

图 11-29　偏移图形

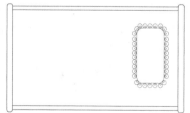

图 11-30　插入枕头图块

Step 07 执行"A（圆弧）"命令，随意绘制弧线，作为被褥图形，如图 11-31 所示。

Step 08 执行"H（图案填充）"命令，选择好填充图案，并设置好其填充参数，填充被褥图形，如图 11-32 所示。

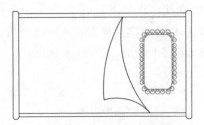

图 11-31　绘制被褥图形

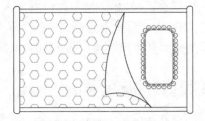

图 11-32　填充被褥图形

Step 09 执行"线性"命令，为婴儿床平面图添加尺寸标注，结果如图 11-33 所示。

Step 10 执行"多重引线"命令，为平面图添加材质注释，结果如图 11-34 所示。

知识拓展

国内生产的婴儿床尺寸大部分是 1200mm 左右，可以用到 3 岁左右，欧美的婴儿床尺寸长度在 1400mm 左右，宽度在 780mm 左右，可以用到 6 岁左右。尺寸比较合理，使用的时间较长。婴儿床本身的设计非常温馨，不同颜色、设计、款式功能，特别是独特样式的婴儿床更能吸引婴儿的眼球，所以在设计婴儿床时，尺寸是重点，其颜色、款式的设计也不能忽略。

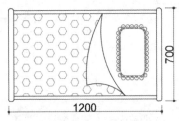

图 11-33　添加尺寸标注

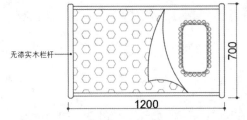

无漆实木栏杆

图 11-34　添加材料注释

11.2.3　绘制婴儿床立面图

下面将根据婴儿床平面图，绘制其立面图形，其具体操作如下：

Step 01 执行"构造线"命令，根据婴儿床平面图，绘制其立面轮廓，并执行"L（直线）"命令和"TR（修剪）"命令，调整立面轮廓，如图 11-35 所示。

Step 02 执行"O（偏移）"命令，将上边线向下偏移 1700mm，将下边线向上偏移 80mm，如图 11-36 所示。

Step 03 执行"TR（修剪）"命令，将偏移后的图形进行修剪，如图 11-37 所示。

Step 04 执行"O（偏移）"命令，将床板下边线依次向上偏移 120mm、30mm、530mm，其结果如图 11-38 所示。

Step 05 执行"DIV（定数等分）"命令，将床扶手线段等分成 13 份，并绘制等分线，如图 11-39 所示。

Step 06 执行"O（偏移）"命令，将等分线分别向两边偏移 15mm，结果如图 11-40 所示。

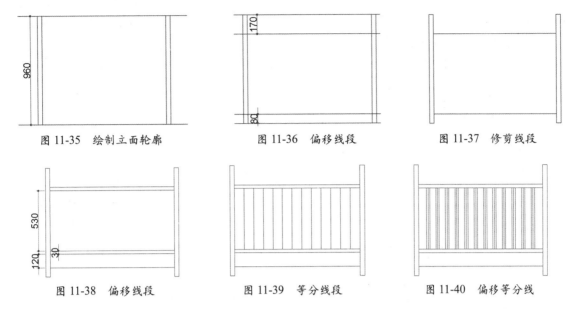

图 11-35　绘制立面轮廓　　　　图 11-36　偏移线段　　　　图 11-37　修剪线段

图 11-38　偏移线段　　　　图 11-39　等分线段　　　　图 11-40　偏移等分线

Step 07 删除等分线，其后执行"TR（修剪）"命令，将偏移后的图形进行修剪，如图 11-41 所示。

Step 08 执行"O（偏移）"命令，将扶栏顶边线向下依次偏移 280mm、80mm 和 30mm，如图 11-42 所示。

Step 09 执行"I（插入块）"命令，将枕头、毛熊玩具图块插入至婴儿床中，如图 11-43 所示。

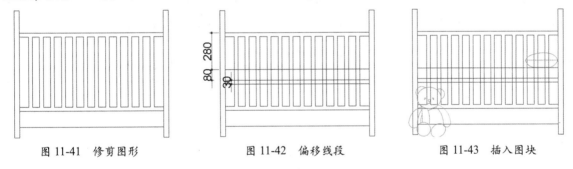

图 11-41　修剪图形　　　　图 11-42　偏移线段　　　　图 11-43　插入图块

Step 10 执行"TR（修剪）"命令，将图形进行修剪，结果如图 11-44 所示。

Step 11 执行"H（图案填充）"命令，选择好填充图案，并设置好其填充比例及颜色等参数，填充被褥图形，结果如图 11-45 所示。

Step 12 执行"L（直线）"命令，在两侧护栏中绘制几条线段，使其护栏有圆弧效果，结果如图 11-46 所示。

图 11-44　修剪图形　　　　图 11-45　填充被褥　　　　图 11-46　绘制直线使其有圆弧效果

Step 13 执行"C（圆）"和"CO（复制）"命令，绘制半径为 20mm 的小圆形，放置扶栏下方合适位置，作为婴儿床滚轮，结果如图 11-47 所示。

Step 14 执行"线性"和"连续"命令，为婴儿床立面图添加尺寸标注，结果如图 11-48 所示。

图 11-47　绘制滚轮图形

图 11-48　标注婴儿床尺寸

11.2.4　绘制婴儿床侧立面图

下面将介绍绘制婴儿床侧立面图的方法。

Step 01 执行"REC（矩形）"命令，绘制长 1000mm，宽 700mm 的矩形，执行"X（分解）"命令，将其分解，如图 11-49 所示。

Step 02 执行"O（偏移）"命令，将矩形两侧边线向内偏移 40mm，如图 11-50 所示。

Step 03 执行"O（偏移）"命令，将矩形底边线向上依次偏移 120mm、120mm、30mm 以及 560mm，结果如图 11-51 所示。

Step 04 执行"TR（修剪）"命令，修剪偏移后的图形，结果如图 11-52 所示。

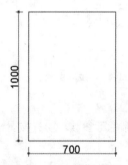

图 11-49　绘制矩形

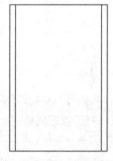

图 11-50　偏移矩形边线

图 11-51　偏移线段

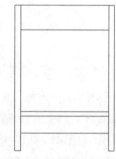

图 11-52　修剪图形

Step 05 执行"DIV（定数等分）"命令，对偏移后的线段等分成 6 份，并绘制等分线，如图 11-53 所示。

Step 06 执行"O（偏移）"命令，将等分线向两边各偏移 15mm，如图 11-54 所示。

Step 07 执行"O（偏移）"命令，偏移扶栏图形，其结果如图 11-55 所示。

Step 08 执行"A（圆弧）"命令，捕捉三点绘制相应的弧线，结果如图 11-56 所示。

Step 09 执行"MI（镜像）"命令，将创建好的弧线以床中线为镜像线，进行镜像操作，结果如图 11-57 所示。

Step 10 执行"A（圆弧）"命令，绘制大圆弧，如图 11-58 所示。

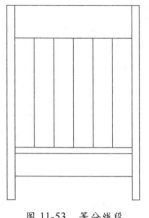

图 11-53　等分线段

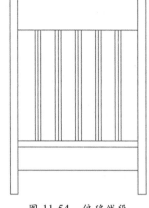

图 11-54　偏移线段

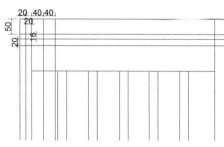

图 11-55　偏移线段

图 11-56　绘制弧线

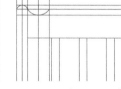

图 11-57　镜像弧线

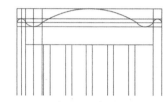

图 11-58　绘制大圆弧

Step 11 删除多余的辅助线，结果如图 11-59 所示。

Step 12 再次执行"O（偏移）"命令，偏移扶栏线段，如图 11-60 所示。

Step 13 执行"A（圆弧）"命令，绘制弧线，结果如图 11-61 所示。

Step 14 执行"EX（延伸）"命令，延伸扶栏线段，如图 11-62 所示。

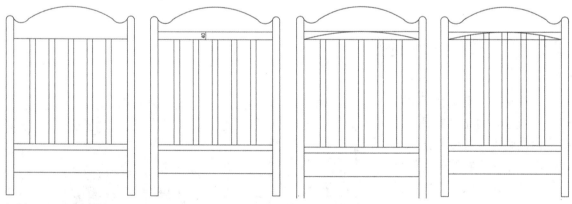

图 11-59　删除多余线段　　图 11-60　偏移扶栏线段　　图 11-61　绘制弧线　　图 11-62　延伸线段

Step 15 执行"TR（修剪）"命令，修剪线段，然后删除多余的直线，如图 11-63 所示。

Step 16 执行"O（偏移）"命令，将扶栏底边线依次向上偏移 320mm、30mm 以及 80mm，结果如图 11-64 所示。

Step 17 执行"TR（修剪）"命令，修剪偏移的线段，结果如图 11-65 所示。

Step 18 执行"I（插入块）"命令，插入枕头图块至图形合适位置，并执行"TR（修剪）"命令，将图形进行修剪，结果如图 11-66 所示。

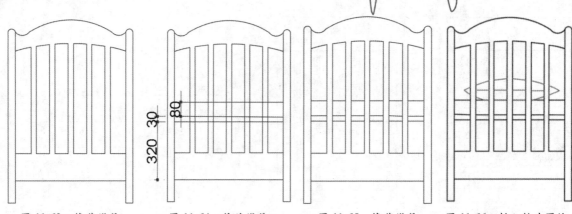

图 11-63　修剪线段　　　图 11-64　偏移线段　　　图 11-65　修剪线段　　　图 11-66　插入枕头图块

Step 19 执行"C（圆）"命令，绘制半径为 20mm 的圆形，放置扶栏合适位置，作为婴儿床滚轮，如图 11-67 所示。

Step 20 执行"线性"命令，对婴儿床侧立面图形进行尺寸标注，结果如图 11-68 所示。至此婴儿床侧立面图已全部绘制完毕。

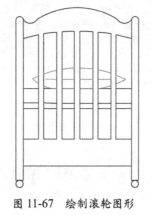

图 11-67　绘制滚轮图形

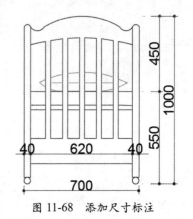

图 11-68　添加尺寸标注

11.3　绘制衣帽柜

衣帽柜是在家居生活中用于挂置衣服和物品的家具，主要是由储物柜、背板和挂钩组成的。它中和了衣帽架和储物柜的优点，既可以挂置衣物又可以放置物品，如图 11-69、图 11-70 所示。

图 11-69　长条式接待台

图 11-70　圆弧式接待台

11.3.1　衣帽柜规格尺寸

目前，衣帽柜的最佳高度在 1200~2000mm 之间，而柜体的厚度最好在 240~300mm 之间，超过 300mm 就显得臃肿，如果衣帽柜带有屏风，其柜体高度一般在 1000mm 左右。而衣帽柜与大门的距离最好保持在 1200mm 以上，最小也不宜少于 1000mm。

目前市面上的衣帽柜的常见尺寸为：长 900~1200mm，宽 300~450mm，高 1500~2100mm。

11.3.2　绘制衣帽柜立面图

下面将对衣帽柜立面图的绘制操作进行介绍。

Step 01 执行"REC（矩形）"命令，绘制长 1000mm，宽 30mm 和长 940mm，宽 970mm 的两个矩形，执行"O（偏移）"命令，将下面一个矩形向内偏移 20mm，如图 11-71 所示。

Step 02 执行"TR（修剪）"命令，修剪掉里面矩形的底边，执行"EX（延伸）"命令，延长线段至外面矩形底边，结果如图 11-72 所示。

Step 03 执行"O（偏移）"命令，将底边向下偏移 30mm，然后绘制一个长 940mm，宽 570mm 的矩形垂直居中，结果如图 11-73 所示。

Step 04 执行"O（偏移）"命令，将矩形向内偏移 20mm，然后执行"TR（修剪）"和"EX（延伸）"命令，修剪图形，如图 11-74 所示。

图 11-71　绘制两个矩形　　图 11-72　修剪延伸线段　　图 11-73　绘制偏移矩形　　图 11-74　修剪图形

Step 05 执行"O（偏移）"命令，将最底边的线段向上依次偏移 30mm、30mm、40mm。捕捉里面矩形的中点，绘制一条垂直的线段，如图 11-75 所示。

Step 06 以最底边线段的左侧为起始点，连续绘制距离为 40mm 和 60mm 的线段，执行"RO（旋转）"命令，以连接点为基点旋转 30°，执行"MI（镜像）"命令，镜像图形，结果如图 11-76 所示。

Step 07 执行"O（偏移）"和"TR（修剪）"命令，偏移距离为 60mm，绘制储物柜的柜门，然后绘制 2 个柜门的把手，其尺寸适中即可，结果如图 11-77 所示。

Step 08 执行"A（圆弧）""MI（镜像）"以及"M（移动）"命令，绘制波浪形状。然后执行"CO（复制）"命令，复制出一段波浪，将其居中放置。绘制直径为 20mm 的圆，放在波浪上方对应的位置，如图 11-78 所示。

在 AutoCAD 软件中，用户除了使用"圆弧""镜像"等命令绘制出波浪线外，还可以使用"云线"命令进行绘制。启动"云线"功能，在命令行中，选择"F（徒手画）"选项，按回车键，然后选择"A（弧长）"选项，设置好弧长大小，即可在绘图区中绘制波浪线了。

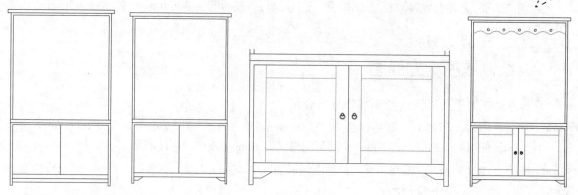

图 11-75 偏移矩形 图 11-76 绘制柜角图形   图 11-77 绘制柜门   图 11-78 绘制装饰图形

Step 09 绘制长 300mm，宽 450mm 的矩形，执行"X（分解）""O（偏移）""TR（修剪）"以及"EX（延伸）"命令，绘制出镜框为 30mm 的镜子，结果如图 11-79 所示。

Step 10 执行"O（偏移）"和"TR（修剪）"命令，绘制出间距为 90mm 的木板装饰，如图 11-80 所示。

Step 11 执行"线性"命令，为衣帽柜添加尺寸标注，如图 11-81 所示。

Step 12 执行"多重引线"命令，为衣帽柜添加材料注释，结果如图 11-82 所示。至此衣帽柜立面图已全部绘制完毕。

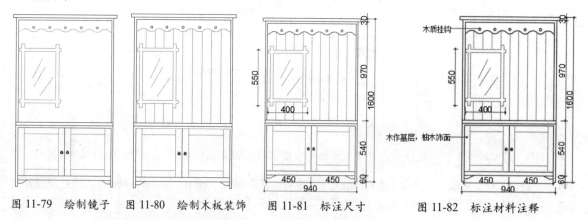

图 11-79 绘制镜子 图 11-80 绘制木板装饰   图 11-81 标注尺寸   图 11-82 标注材料注释

11.4 绘制大衣柜

衣柜是存放衣物的柜式家具，是家庭常用的家具之一。通常由柜体、门板（推拉门或者平开门）和五金组成。整体衣柜的进深一般在 550~600mm 之间，高度在 1800~2200mm 之间，如图 11-83、图 11-84 所示。

图 11-83　带门衣柜

图 11-84　不带门衣柜

11.4.1　衣柜常规尺寸

目前市面上常见的衣柜有两门、四门、五门及六门衣柜，下面将分别对其尺寸进行介绍。

两门大衣柜：两门衣柜适合一些小户型使用，该衣柜尺寸大约为 1210mm×580mm×2330mm。

四门大衣柜：该衣柜是最为常见的衣柜类型。四门大衣柜的尺寸大约为 2050mm×680mm×2300mm。

五门大衣柜：该衣柜比较适合搭配套装家具，其整体效果比较好，该衣柜尺寸大约为 2000mm×600mm×2200mm。

六门大衣柜：该衣柜的样式要求非常高。本身衣柜就占了房间大部分区域，所以该衣柜适合大户型使用。六门大衣柜的尺寸大约为 2425mm×600mm×2200mm。

11.4.2　绘制大衣柜平面图

大衣柜平面图绘制起来比较简单，只需表示出衣柜占地面积即可。下面将绘制衣柜平面图。

Step 01 执行"REC（矩形）"命令，绘制长 2000mm，宽 600mm 的矩形，如图 11-85 所示。

Step 02 执行"O（偏移）"命令，将矩形边线向内偏移 20mm，如图 11-86 所示。

图 11-85　绘制矩形

图 11-86　偏移线段

Step 03 执行"L（直线）"命令，绘制矩形中线，然后执行"O（偏移）"命令，将中线分别向上、下各偏移 10mm，如图 11-87 所示。

Step 04 删除中线。执行"REC（矩形）"命令，绘制长 450mm，宽 20mm 的矩形，并将其移至衣柜合适位置，如图 11-88 所示。

Step 05 选中刚绘制的小矩形，在"特性"面板中，设置该矩形线段的颜色及线型，结果如图 11-89 所示。

Step 06 执行"CO（复制）"和"RO（旋转）"命令，复制小矩形，其结果如图 11-90 所示。

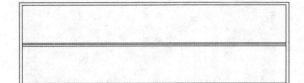

图 11-87　绘制并偏移中线

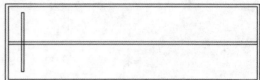

图 11-88　绘制矩形

图 11-89　设置矩形线段的颜色及线型

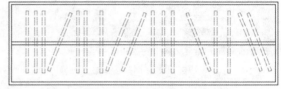

图 11-90　旋转复制矩形

Step 07 在命令行中输入"MA（特性匹配）"命令，按回车键，选中其中一个小矩形，然后框选矩形两条中心线，此时小矩形的线型及颜色已复制到中心线上，按 Esc 键完成操作，如图 11-91 所示。

Step 08 按照同样的操作，更改衣柜内框线型，结果如图 11-92 所示。

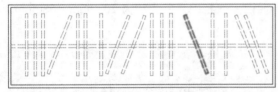

图 11-91　更改衣柜中心线

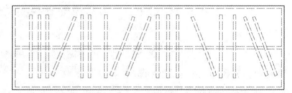

图 11-92　更改衣柜内框线型

Step 09 执行"线性"命令，为衣柜平面图添加尺寸标注，如图 11-93 所示。至此衣柜平面图已全部绘制完毕。

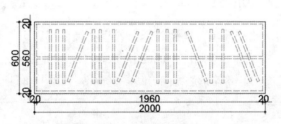

图 11-93　添加尺寸标注

11.4.3　绘制大衣柜立面图

在绘制大衣柜立面图时，需要将衣柜立面隔板绘制出来。别看立面只显示几个隔板，其实，隔板分割得是否合理，直接影响到衣柜的使用。下面将绘制衣柜立面图。

Step 01 执行"REC（矩形）"命令，绘制长 2000mm，宽 2000mm 的矩形，如图 11-94 所示。

Step 02 执行"O（偏移）"命令，将矩形向内偏移 40mm，如图 11-95 所示。

Step 03 分解矩形内框线。执行"O（偏移）"命令，将衣柜左侧内框线向右依次偏移 780mm、20mm、350mm 以及 20mm，如图 11-96 所示。

图 11-94　绘制矩形

图 11-95　偏移矩形

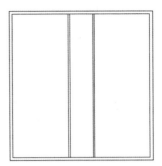

图 11-96　偏移矩形

Step 04 继续执行"O（偏移）"命令，将衣柜下方内框线向上依次偏移 60mm、500mm、20mm、1020mm 以及 20mm，结果如图 11-97 所示。

Step 05 执行"TR（修剪）"命令，将偏移后的线段进行修剪，如图 11-98 所示。

Step 06 执行"O（偏移）"命令，将衣柜下方内框线向上进行偏移，如图 11-99 所示。

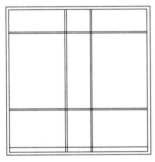

图 11-97　偏移矩形

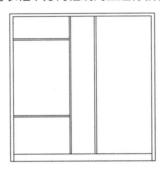

图 11-98　修剪图形

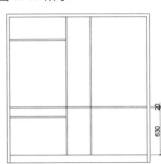

图 11-99　偏移矩形

Step 07 执行"TR（修剪）"命令，将偏移后的线段进行修剪，如图 11-100 所示。

Step 08 执行"L（直线）"命令，绘制衣柜分割线，并将其向左、右两侧各偏移 10mm，结果如图 11-101 所示。

Step 09 执行"DIV（定数等分）"命令，将衣柜中间隔断等分为 3 份，并绘制等分线。执行"O（偏移）"命令，将等分线向上、下两边各偏移 10mm，结果如图 11-102 所示。

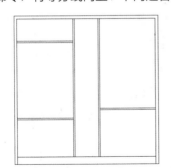

图 11-100　修剪图形

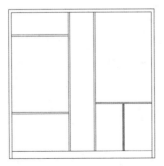

图 11-101　分割衣柜

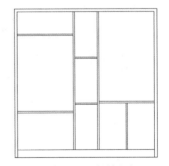

图 11-102　分割衣柜

Step 10 按照同样的操作方法，分割衣柜其他区域，结果如图 11-103 所示。

Step 11 执行"O（偏移）"命令，偏移衣柜线段，如图 11-104 所示。

Step 12 执行"TR（修剪）"命令，将图形进行修剪，结果如图 11-105 所示。

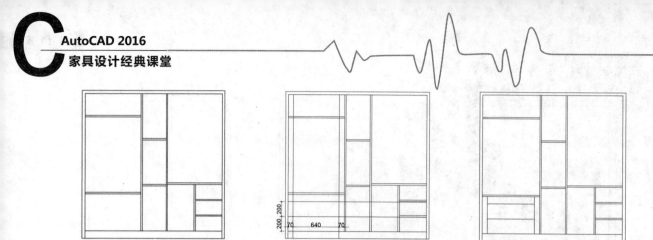

图 11-103　分割衣柜其他区域　　图 11-104　偏移衣柜线段　　图 11-105　修剪线段

Step 13 绘制长 10mm，宽 50mm 的矩形，分解后绘制一些线段让它有弧形的效果，执行"CO（复制）"命令，复制矩形，其间隔为 110mm，执行"TR（修剪）"命令，修剪图形，如图 11-106 所示。

Step 14 在衣柜内绘制两根直径为 25mm 的衣服挂杆，位置如图 11-107 所示。

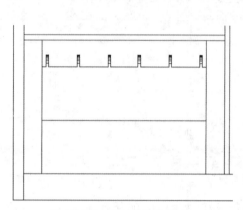

图 11-106　复制并修剪矩形

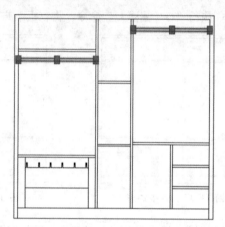

图 11-107　绘制衣服挂杆

Step 15 执行"I（插入块）"命令，将衣服、被褥、枕头等图块插入至衣柜合适位置，如图 11-108 所示。

Step 16 执行"线性"命令，为衣柜添加尺寸标注，结果如图 11-109 所示。至此大衣柜立面图已全部绘制完毕。

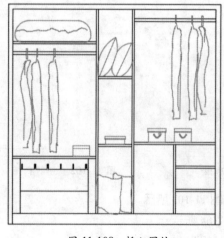

图 11-108　插入图块

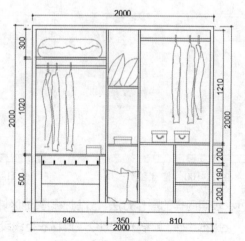

图 11-109　添加尺寸标注

第12章

商用办公家具设计

常见的办公家具从功能上可分为办公桌、办公椅、办公屏风、沙发、茶几、文件柜以及书柜等，从办公材料上可分为板式家具、钢制类办公家具、金属类办公家具以及软体类办公家具等。本章将以办公桌、会议桌以及接待台为例，来介绍办公类的家具绘制技巧。

知识要点

▲ 绘制办公桌   ▲ 绘制接待台

▲ 绘制会议桌

12.1 绘制办公桌

在办公室里，最常用到的家具就是办公桌。从类型上办公桌可分为主管桌、职员桌、会议桌以及大班台等。下面将以职员桌为例，来介绍常见办公桌的一些规格尺寸与绘制方法，如图 12-1、图 12-2 所示。

图 12-1　四人位组合办公桌

图 12-2　单人办公桌

12.1.1 办公桌规格尺寸

办公桌标准尺寸一般为：长 1200~1600mm，宽 500~650mm，高 700~800mm。在办公室中，按照职位来说，从总经理到普通员工，其办公桌的尺寸也有所区别。

总经理办公桌其尺寸为：长 2600~3600mm，宽度在 1200~2000mm 之间，其高度在 750~780mm 之间。

部门经理办公桌其尺寸为：长 1800~2600mm，宽 1000~1800mm，高 750~780mm。

普通职员办公桌其尺寸为：长 1000~1400mm，宽度 550~700mm，高度在 750mm 左右。如果带有屏风的办公桌，其长度在 600~1200mm 之间，宽度在 400~600mm 之间，高度为 750mm，桌面会有高 250mm 左右的屏风挡板。这种类型的办公桌比较隐秘，因此办公人员不会相互影响。

12.1.2 绘制办公桌平面图

下面将介绍办公桌平面图的绘制方法。

Step 01 执行"REC（矩形）"命令，分别绘制长 1200mm，宽 600mm 以及长 900mm，宽 450mm 的两个长方形，如图 12-3 所示。

Step 02 执行"X（分解）"命令，将两个长方形进行分解。执行"TR（修剪）"命令，修剪图形，如图 12-4 所示。

Step 03 执行"F（倒圆角）"命令，将修剪后的图形进行倒圆角，圆角半径为 200mm，结果如图 12-5 所示。

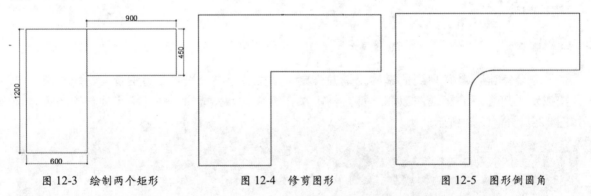

图 12-3　绘制两个矩形　　　图 12-4　修剪图形　　　图 12-5　图形倒圆角

Step 04 再次执行"O（偏移）"命令，将办公桌轮廓线向外偏移 15mm，如图 12-6 所示。

Step 05 执行"EX（延伸）"和"TR（修剪）"命令，修剪线段，绘制办公桌屏风轮廓，结果如图 12-7 所示。

Step 06 执行"I（插入块）"命令，将电脑、台灯以及座椅图块插入至图形合适位置，结果如图 12-8 所示。

Step 07 执行"B（创建块）"命令，将绘制的所有图形组成块，如图 12-9 所示。

Step 08 执行"MI（镜像）"命令，将办公桌图块以屏风外轮廓线段为镜像线，将其进行镜像操作，结果如图 12-10 所示。

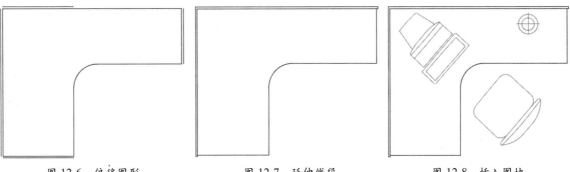

图 12-6　偏移图形　　　　图 12-7　延伸线段　　　　图 12-8　插入图块

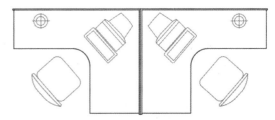

图 12-9　创建成块　　　　　　　　图 12-10　镜像办公桌

Step 09 再次执行"MI（镜像）"命令，将刚镜像的图形再次进行镜像操作，结果如图 12-11 所示。

Step 10 执行"I（插入块）"命令，将人物图块插入至图形中，如图 12-12 所示。

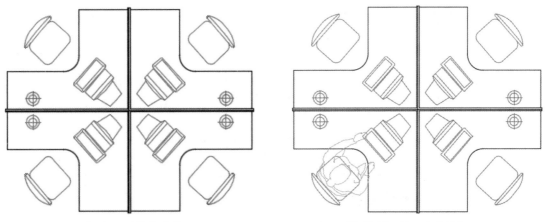

图 12-11　镜像图形　　　　　　　图 12-12　插入人物图块

Step 11 执行"D（标注样式管理器）"命令，打开相应的对话框，单击"修改"按钮，打开"修改标注样式"对话框。在此对其中的标注样式参数进行设置，设置完成后，单击"置为当前"按钮，将该样式置为当前，结果如图 12-13 所示。

Step 12 执行"线性"和"连续"命令，将办公桌图形进行尺寸标注，结果如图 12-14 所示。

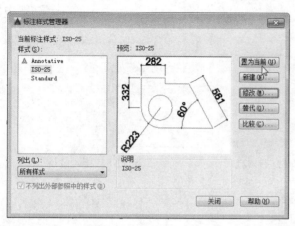

图 12-13　设置标注样式

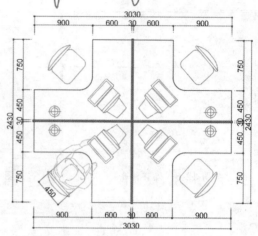

图 12-14　标注办公桌尺寸

12.1.3　绘制办公桌立面图

下面将根据办公桌平面图绘制其立面造型。

Step 01 执行"构造线"命令，沿着办公桌平面轮廓线，绘制其立面轮廓线，结果如图 12-15 所示。

Step 02 执行"L（直线）"命令，绘制地平线，然后执行"O（偏移）"命令，将地平线向上偏移 750mm，结果如图 12-16 所示。

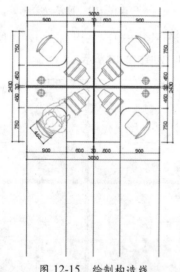

图 12-15　绘制构造线

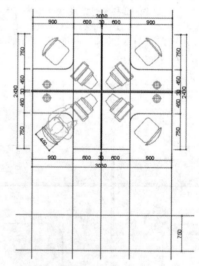

图 12-16　绘制并偏移地平线

Step 03 执行"TR（修剪）"命令，将图形进行修剪操作，并删除多余的构造线段，结果如图 12-17 所示。

📝 绘图技巧

要想将图形放大而其尺寸不变，若使用"缩放"命令，对其图形进行放大操作，则其尺寸标注也会随之变大，此时需要将图形和尺寸标注一起创建成图块，然后再将创建好的图块插入至原图旁，再将该图块按照想要的比例整体调整后，将其分解即可。

Step 04 执行 "O（偏移）" 命令，将地平线再次向上依次偏移 600mm 和 110mm，如图 12-18 所示。

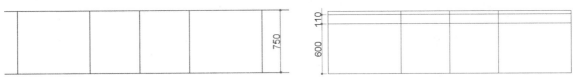

图 12-17　修剪图形　　　　　　　　　　　　　图 12-18　偏移图形

Step 05 再次执行 "O（偏移）" 命令，将当前图形进行偏移，绘制办公桌台面轮廓，结果如图 12-19 所示。

Step 06 执行 "TR（修剪）" 和 "EX（延伸）" 命令，修剪偏移后的图形，结果如图 12-20 所示。

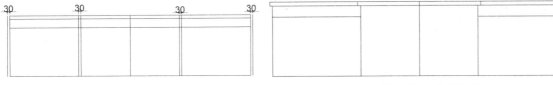

图 12-19　偏移图形　　　　　　　　　　　　　图 12-20　修剪图形

Step 07 执行 "REC（矩形）" 命令，绘制长 600mm，宽 500mm 的长方形，放置办公桌下方合适位置，结果如图 12-21 所示。

Step 08 执行 "O（偏移）" 命令，将长方形向内偏移 20mm，如图 12-22 所示。

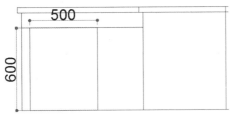
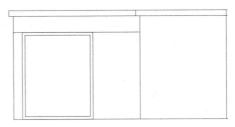

图 12-21　绘制长方形　　　　　　　　　　　　图 12-22　偏移长方形

Step 09 执行 "X（分解）" 命令，将偏移后的小长方形进行分解。然后执行 "DIV（定距等分）" 命令，将长方形等分成 3 份，执行 "L（直线）" 命令，绘制等分线，结果如图 12-23 所示。

Step 10 执行 "O（偏移）" 命令，将等分线分别向两边各偏移 10mm，结果如图 12-24 所示。

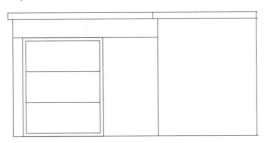
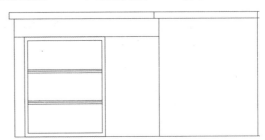

图 12-23　等分长方形　　　　　　　　　　　　图 12-24　偏移等分线

Step 11 执行 "TR（修剪）" 命令，将当前图形进行修剪操作，结果如图 12-25 所示。

Step 12 执行 "REC（矩形）" 命令，绘制长 110mm，宽 50mm 的长方形，作为办公桌支撑柱图形，放置图形合适位置，结果如图 12-26 所示。

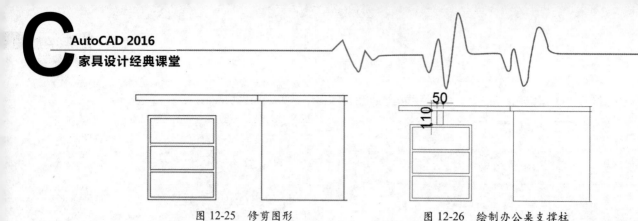

图 12-25　修剪图形　　　　　　　　图 12-26　绘制办公桌支撑柱

Step 13 再次执行"C（圆）"命令，绘制半径为 10mm 的圆形，作为拉手图形，将其放置到抽屉面板合适位置，其后将拉手图形复制到其他两个面板上，结果如图 12-27 所示。

Step 14 执行"O（偏移）"命令，将桌面轮廓线向上偏移 250mm，并执行"L（直线）"命令，绘制屏风图形，结果如图 12-28 所示。

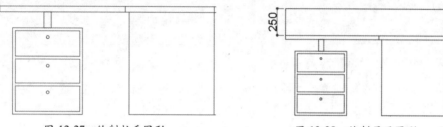

图 12-27　绘制拉手图形　　　　　　图 12-28　绘制屏风图形

Step 15 再次执行"O（偏移）"命令，将屏风轮廓线向内偏移 15mm，其后执行"TR（修剪）"命令，将图形进行修剪操作，结果如图 12-29 所示。

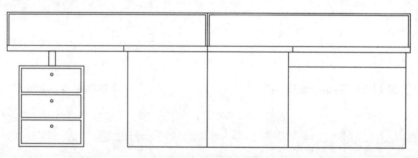

图 12-29　修剪屏风图形

Step 16 执行"MI（镜像）"命令，将绘制好的储物柜以办公桌中线为镜像线，进行镜像操作。删除其他多余直线，结果如图 12-30 所示。

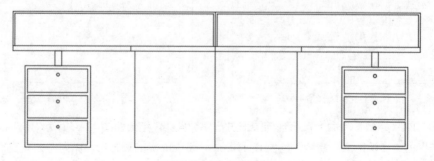

图 12-30　镜像储物柜

Step 17 执行"I（插入块）"命令，插入座椅、电脑及台灯立面图块，结果如图 12-31 所示。

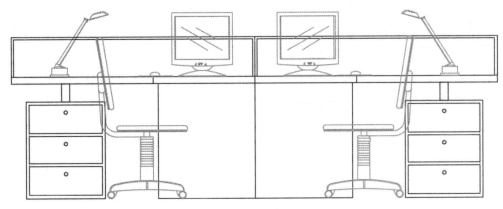

图 12-31 插入办公图块

Step 18 再次执行"I（插入块）"命令，将人物立面图块插入至图纸中，结果如图 12-32 所示。

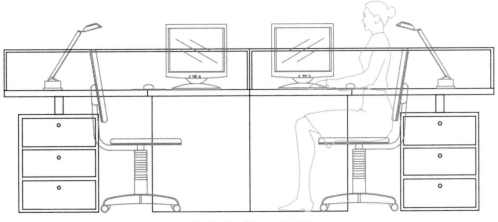

图 12-32 插入人物图块

Step 19 执行"线性"和"连续"命令，将办公立面图添加尺寸标注，如图 12-33 所示。

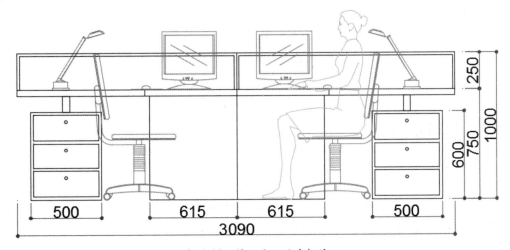

图 12-33 添加立面尺寸标注

Step 20 执行"格式"→"多重引线样式"命令，单击"修改"按钮，打开"修改多重引线样式"对话框，设置好字体高度与箭头样式、大小参数，如图 12-34 所示。

Step 21 设置完成后，单击"确定"按钮，返回上一层对话框，单击"置为当前"按钮，完成操作，如图 12-35 所示。

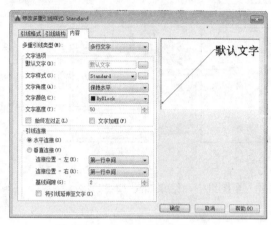

图 12-34 设置多重引线样式参数

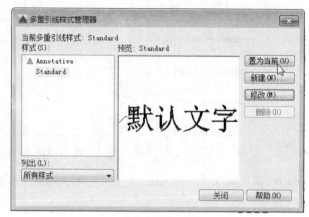

图 12-35 样式置为当前

Step 22 执行"多重引线"命令，对办公桌立面图添加材质标注，结果如图 12-36 所示。至此办公桌立面图绘制完毕。

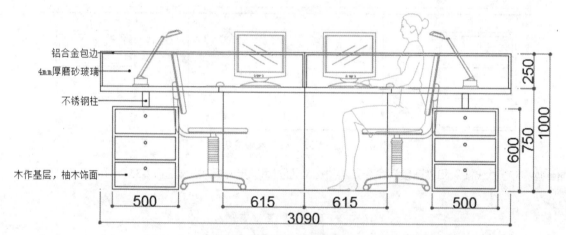

图 12-36 添加材质注释

12.2 绘制会议桌

通常会议桌大小需要根据办公室人数决定。目前市面上常见的会议桌有 5 人以下会议桌、10 人左右的会议桌以及 20 人左右的会议桌，如图 12-37、图 12-38 所示。下面将介绍常见会议桌的相关尺寸与绘制方法。

图 12-37　10 人会议桌

图 12-38　5 人以下会议桌

12.2.1　会议桌规格尺寸

下面将分别对 5 人会议桌、10 人会议桌以及 20 人会议桌相关尺寸进行说明。

5 人以下会议桌：通常这类会议桌与餐桌尺寸相似。一般长 1800mm，宽 600mm；或长 1300mm，宽 400mm。如果使用圆形会议桌，则直径在 500mm~1200mm 之间。而会议桌的高度大约在 750mm 最为合适。

10 人会议桌：这类会议桌一般是 6~10 人使用。其尺寸通常为长 2400mm，宽 1100mm；或长 3400mm，宽 1470mm 等。如果使用 10 人圆形会议桌，则其直径应在 2600mm 左右。该类型会议桌最为常见。

20 人会议桌：该类型的会议桌长方形的较为常见。几乎没有圆形 20 人桌的。所以常见尺寸为长 3800mm，宽 1200mm；或长 4200mm，宽 1400mm。

12.2.2　绘制会议桌平面图

下面将以 10 人会议桌为例，来介绍其平面图的绘制方法。

Step 01 执行"REC（矩形）"命令，绘制长 3400mm，宽 950mm 的长方形，作为会议桌桌面。执行"L（直线）"命令，绘制长方形中线，如图 12-39 所示。

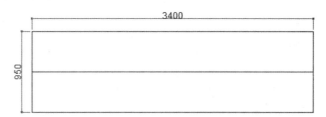
图 12-39　绘制会议桌桌面

Step 02 执行"X（分解）"命令，将矩形进行分解。然后执行"O（偏移）"命令，将长方形的中线分别向两边各偏移 750mm，如图 12-40 所示。

Step 03 执行"A（圆弧）"命令，捕捉长方形左上方角点、偏移后直线的中点以及长方形右上方角点，绘制弧线，如图 12-41 所示。

图 12-40　偏移中线

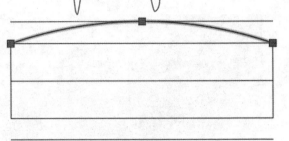

图 12-41　绘制弧线

Step 04 执行"MI（镜像）"命令，将弧线以长方形中线为镜像线，进行镜像操作，结果如图 12-42 所示。

Step 05 删除多余直线与辅助线，完成桌面轮廓图形的绘制，结果如图 12-43 所示。

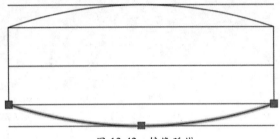

图 12-42　镜像弧线

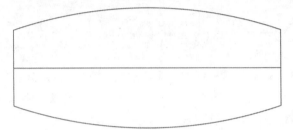

图 12-43　绘制桌面轮廓

Step 06 执行"O（偏移）"命令，将中线分别向两边各偏移 100mm，如图 12-44 所示。

Step 07 删除中线。执行"H（图案填充）"命令，在"图案"面板中，选择"ANSI32"图案样式，将填充比例设为 10，角度设为 90°，颜色设为灰色，选中填充的区域，如图 12-45 所示。进行填充操作。

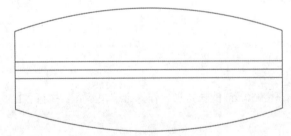

图 12-44　偏移中线

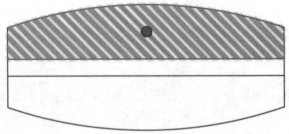

图 12-45　填充图形

Step 08 按照以上同样的操作，选择好填充图案，并设置好其填充参数，填充会议桌其他区域，如图 12-46 所示。

Step 09 执行"I（插入块）"命令，将座椅图块插入图中，然后执行"RO（旋转）"命令，旋转桌椅，放置会议桌合适位置，如图 12-47 所示。

知识拓展

　　在对会议桌进行设计时，应注意：1.颜色，根据公司性质来选择是明快感还是沉稳感；2.材质，关系到会议桌的质量，其耐磨是重点；3.把握好会议桌的尺寸大小。

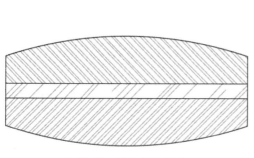

图 12-46 填充其他区域 | 图 12-47 插入座椅图块

Step 10 执行"RO（旋转）"命令，选中座椅图形，按回车键，指定餐椅旋转基点，输入 C 后，再输入旋转角度 10，按回车键即可将座椅进行旋转复制操作。执行"M（移动）"命令，将餐椅移至图形合适位置，结果如图 12-48 所示。

Step 11 执行"MI（镜像）"命令，选中刚旋转复制的座椅图块，以会议桌中线为镜像线，将座椅图块进行镜像操作，结果如图 12-49 所示。

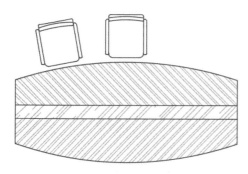
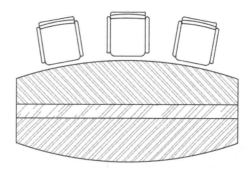

图 12-48 旋转座椅图块 | 图 12-49 镜像座椅图块

Step 12 继续执行"MI（镜像）"命令，镜像座椅图块，结果如图 12-50 所示。

Step 13 执行"RO（旋转）"命令，再次旋转复制座椅图块至合适位置，如图 12-51 所示。

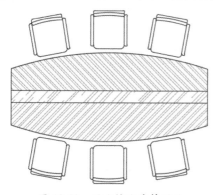
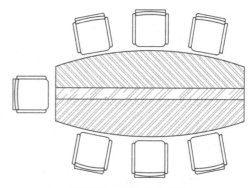

图 12-50 再次镜像座椅图块 | 图 12-51 旋转座椅图块

Step 14 执行"MI（镜像）"命令，将座椅图块再次进行镜像操作，结果如图 12-52 所示。

Step 15 执行"线性"命令，对会议桌平面图进行尺寸标注。然后执行"多重引线"命令，为会议桌平面图添加材质注释，结果如图 12-53 所示。至此会议桌平面图已全部绘制完毕。

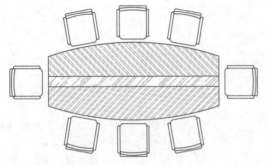

图 12-52　镜像座椅图块

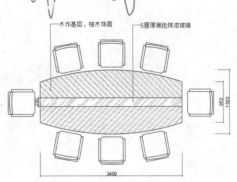

图 12-53　添加尺寸与材质标注

12.2.3　绘制会议桌立面图

下面将根据会议桌平面图，绘制其立面图形，其具体操作如下：

Step 01 执行"构造线"命令，根据会议桌平面图，绘制其立面轮廓，并执行"L（直线）"命令和"TR（修剪）"命令，调整立面轮廓，如图 12-54 所示。

Step 02 执行"O（偏移）"命令，将上边线向下偏移 50mm，如图 12-55 所示。

图 12-54　绘制立面轮廓　　　　　　　　　　图 12-55　偏移线段

Step 03 执行"O（偏移）"命令，将两侧边线向内各偏移 120mm，如图 12-56 所示。

Step 04 执行"TR（修剪）"命令，将偏移后的图形进行修剪，其结果如图 12-57 所示。

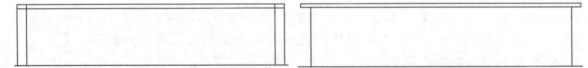

图 12-56　偏移线段　　　　　　　　　　　　图 12-57　修剪图形

Step 05 执行"O（偏移）"命令，将修剪后的线段进行偏移操作，其尺寸如图 12-58 所示。

Step 06 执行"TR（修剪）"命令，将偏移后的图形进行修剪，如图 12-59 所示。

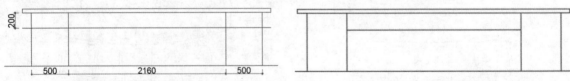

图 12-58　偏移线段　　　　　　　　　　　　图 12-59　修剪图形

Step 07 执行"REC（矩形）"命令，绘制长 1050mm，宽 500mm 的矩形。执行"X（分解）"命令，将矩形进行分解，如图 12-60 所示。

Step 08 执行"O（偏移）"命令，将矩形下边线向上偏移 20mm、430mm，将两侧边线向内各偏移 20mm，如图 12-61 所示。

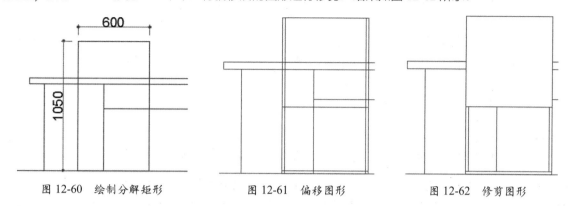

Step 09 执行"TR（修剪）"命令，将偏移后的图形进行修剪，结果如图 12-62 所示。

图 12-60　绘制分解矩形　　　　图 12-61　偏移图形　　　　图 12-62　修剪图形

Step 10 执行"REC（矩形）"命令，绘制长 225mm，宽 35mm 的矩形，放置图形合适位置，如图 12-63 所示。

Step 11 执行"MI（镜像）"命令，将刚绘制好的矩形，以座椅中线为镜像线进行镜像复制操作，如图 12-64 所示。

Step 12 执行"B（创建块）"命令，将绘制好的座椅图形创建成图块，结果如图 12-65 所示。

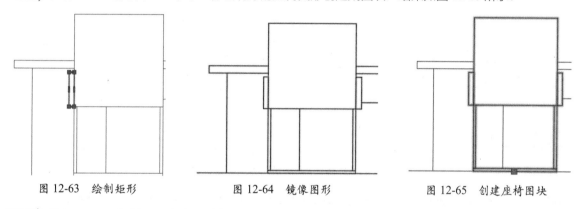

图 12-63　绘制矩形　　　　图 12-64　镜像图形　　　　图 12-65　创建座椅图块

Step 13 执行"CO（复制）"命令，将创建好的座椅图块进行复制操作，结果如图 12-66 所示。

Step 14 执行"TR（修剪）"命令，修剪复制后的图形，结果如图 12-67 所示。

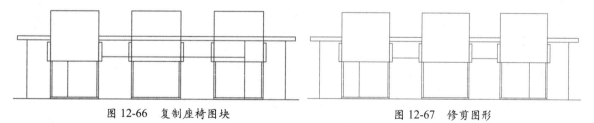

图 12-66　复制座椅图块　　　　　　图 12-67　修剪图形

Step 15 执行"REC（矩形）"命令，绘制长 1050mm，宽 600mm 的矩形，执行"X（分解）"命令，将其分解，如图 12-68 所示。

Step 16 执行"O（偏移）"命令，偏移矩形边线，其尺寸如图 12-69 所示。

Step 17 执行"TR（修剪）"命令，对偏移后的图形进行修剪，结果如图 12-70 所示。

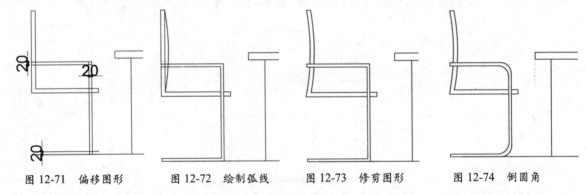

图 12-68　绘制矩形　　　　　图 12-69　偏移矩形边线　　　　图 12-70　修剪图形

Step 18 再次执行"O（偏移）"命令，偏移修剪后的图形，结果如图 12-71 所示。

Step 19 执行"TR（修剪）"命令，对偏移后的图形进行修剪，其后执行"A（圆弧）"命令，绘制弧线，其尺寸适当即可，如图 12-72 所示。

Step 20 执行"O（偏移）"命令，将弧线向左侧偏移 30mm。执行"TR（修剪）"命令，修剪图形，并删除多余的直线，闭合图形，结果如图 12-73 所示。

Step 21 执行"F（倒圆角）"命令，将座椅扶手进行倒圆角操作，圆角半径为 80mm，结果如图 12-74 所示。

图 12-71　偏移图形　　　　图 12-72　绘制弧线　　　　图 12-73　修剪图形　　　　图 12-74　倒圆角

Step 22 执行"B（创建块）"命令，将绘制的座椅侧立面图创建成块，结果如图 12-75 所示。

Step 23 执行"MI（镜像）"命令，将创建好的图块进行镜像操作，结果如图 12-76 所示。

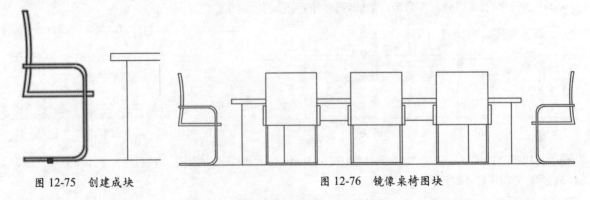

图 12-75　创建成块　　　　　　图 12-76　镜像桌椅图块

Step 24 执行"H（图案填充）"命令，设置好填充图案及填充比例，将会议桌立面图进行填充操作，结果如图 12-77 所示。

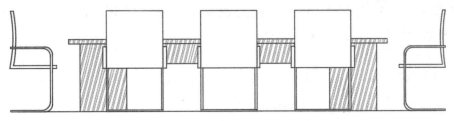

图 12-77　填充会议桌图形

Step 25 执行"线性"命令和"连续"命令，对会议桌立面图形进行尺寸标注，如图 12-78 所示。至此会议桌立面图形已全部绘制完毕。

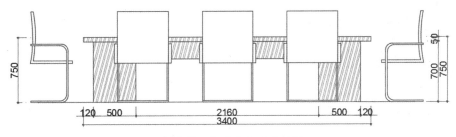

图 12-78　标注会议桌立面图

12.3 绘制接待台

接待台，顾名思义就是用来迎接客人的柜台。接待台的材质一般有木、铁、钢、皮以及钢化玻璃等。现代的接待台有升降式、台式以及折叠式等，其作用不仅是为了接待，还可以用来当宣传台、迎宾台等，如图 12-79、图 12-80 所示。

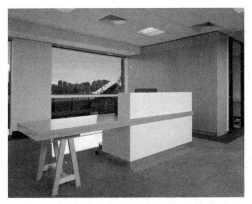

图 12-79　长条式接待台

图 12-80　圆弧式接待台

12.3.1 接待台规格尺寸

接待台的高度一般在 1000~1300mm 之间，接待台的尺寸取决于放置接待台的空间大小、风

格样式和整体装修环境，要与室内环境相匹配。常见接待台的尺寸有 1600mm×600mm×1100mm、1200mm×500mm×1000mm、2000mm×700mm×1300mm 等。

12.3.2　绘制接待台平面图

下面将对接待台的平面图绘制操作进行介绍。

Step 01 执行"REC（矩形）"命令，绘制长 2500mm，宽 650mm 的矩形，执行"X（分解）"和"O（偏移）"命令，将矩形顶边线段向下偏移 300mm，左边线段向右依次偏移 350mm、1150mm，如图 12-81 所示。

Step 02 执行"F（倒圆角）"命令，将偏移出来的线段进行修剪处理，圆角半径为 0，结果如图 12-82 所示。

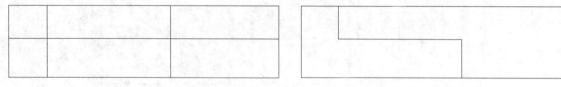

图 12-81　绘制并偏移墙线　　　　　　　　　　图 12-82　修剪线段

Step 03 执行"I（插入块）"命令，插入座椅、电话图块至平面图中，结果如图 12-83 所示。

Step 04 执行"线性"和"连续"命令，标注出具体尺寸，如图 12-84 所示。至此接待台的平面图绘制完毕。

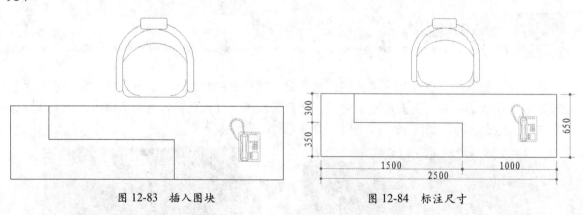

图 12-83　插入图块　　　　　　　　　　　图 12-84　标注尺寸

12.3.3　绘制接待台立面图

下面将对接待台的立面图绘制操作进行介绍。

Step 01 执行"REC（矩形）"命令，绘制长 2500mm，宽 1300mm 的矩形，执行"X（分解）"和"O（偏移）"命令，将矩形顶边线段向下依次偏移 30mm、80mm、340mm、30mm、80mm、660mm，如图 12-85 所示。

Step 02 继续执行"O（偏移）"命令，将左边线段向右依次偏移 30mm、1270mm、200mm、970mm，如图 12-86 所示。

知识拓展

在对接待台设计时，需注意几点：1.应与整个空间的装饰相协调。无论是造型还是色彩、质感、功能以及五金等元素都应与室内设计协调搭配；2.把握好接待台整个尺度关系；3.接待台灯光也是设计的重点。

Step 03 执行"TR（修剪）"命令，将偏移后的线段进行修剪，结果如图 12-87 所示。

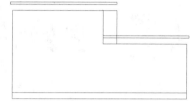

图 12-85　绘制并偏移矩形　　　　图 12-86　偏移线段　　　　图 12-87　修剪线段

Step 04 连接交点绘制线段，执行"TR（修剪）"命令，修剪多余线段，如图 12-88 所示。

Step 05 执行"O（偏移）"命令，将左边线段向右依次偏移 20mm、50mm、1125mm、50mm、1125mm、50mm，执行"EX（延伸）"命令，将偏移线段向上延伸，结果如图 12-89 所示。

Step 06 执行"TR（修剪）"命令，修剪出台面立柱和桌脚，如图 12-90 所示。

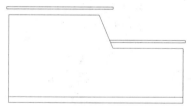
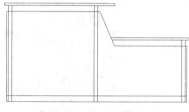
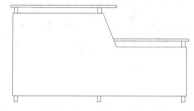

图 12-88　修剪多余线段　　　　图 12-89　偏移延伸线段　　　　图 12-90　绘制立柱和桌脚

Step 07 执行"DIV（定数等分）"命令，将左边线段等分成 3 段，绘制水平线段做装饰线条，结果如图 12-91 所示。

Step 08 执行"I（插入块）"命令，插入电话图块至立面图中。执行"线性"命令标注出尺寸，其后执行"多重引线"命令，标注其材料，结果如图 12-92 所示。至此接待台的立面图绘制完毕。

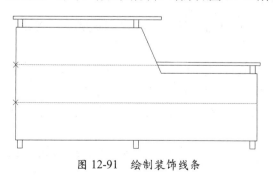

图 12-91　绘制装饰线条　　　　　　图 12-92　添加尺寸、材料标注

知识拓展

在绘制过程中，使用快速引线标注命令，对图纸内容进行快速标注操作。其方法为：在命令行中输入 LE 按回车键，根据命令行提示，指定引线的位置，然后设置文字高度，最后选择文字模式，回车，输入文字即可完成引线标注命令。

12.4 绘制办公椅

办公椅是指日常工作和社会活动中为了工作方便而配备的各种椅子。基本构成：脚轮、椅脚、气杆、底盘、椅座、扶手、椅背座连接（角码）、椅背、腰枕、头枕。

12.4.1 办公椅规格尺寸

办公椅的标准尺寸为：坐高 390mm~430mm；靠背高度 390mm~420mm；坐深 380mm~420mm；靠背宽度 400mm~420mm；坐面前宽 400mm~420mm；靠背倾斜度 98°~102°；坐面后宽 380mm~400mm，如图 12-93、图 12-94 所示。

图 12-93　真皮办公椅　　　图 12-94　网布办公椅

12.4.2 绘制办公椅立面图

办公椅设计得合理与否，直接影响到使用。所以在设计办公椅时，其尺度一定要把握好，下面将以常见办公椅为例，来介绍其绘制方法。

Step 01 执行"REC（矩形）"命令，绘制长 460mm，宽 456mm 的矩形，执行"X（分解）"和"O（偏移）"命令，将顶边线段依次向下偏移 255mm、10mm、120mm、10mm，如图 12-95 所示。

Step 02 继续执行"O（偏移）"命令，将左边线段依次向右偏移 25mm、5mm、400mm、5mm，如图 12-96 所示。

Step 03 执行"TR（修剪）"命令，修剪多余线段，执行"A（圆弧）"命令，捕捉三点绘制圆弧，结果如图 12-97 所示。

Step 04 执行 "O（偏移）" 命令，将圆弧向下依次偏移 36mm、20mm，如图 12-98 所示。

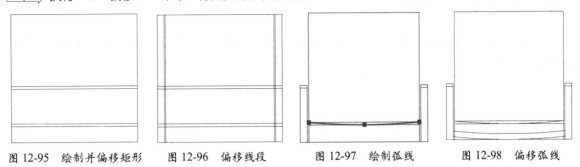

图 12-95　绘制并偏移矩形　图 12-96　偏移线段　图 12-97　绘制弧线　图 12-98　偏移弧线

Step 05 执行 "TR（修剪）" 命令，修剪多余线段，执行 "BR（打断）" 命令，将椅背处两条垂直线段打断于交点，如图 12-99 所示。

Step 06 执行 "F（倒圆角）" 命令，将椅背进行倒圆角操作，圆角半径依次设为 70mm、20mm、10mm，结果如图 12-100 所示。

Step 07 在扶手底部位置绘制两段圆弧，执行 "MI（镜像）" 命令，镜像复制到另一边，如图 12-101 所示。

Step 08 执行 "TR（修剪）" 命令，修剪多余的线段，如图 12-102 所示。

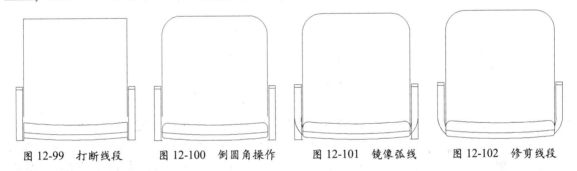

图 12-99　打断线段　图 12-100　倒圆角操作　图 12-101　镜像弧线　图 12-102　修剪线段

Step 09 执行 "REC（矩形）" 命令，绘制长 60 mm，宽 230mm 的矩形，执行 "X（分解）" 和 "O（偏移）" 命令，将顶边线段依次向下偏移 15mm、20mm、50mm、45mm，如图 12-103 所示。

Step 10 继续执行 "O（偏移）" 命令，将左边线段依次向右偏移 10mm、40mm，结果如图 12-104 所示。

Step 11 执行 "TR（修剪）" 命令，修剪多余线段，如图 12-105 所示。

Step 12 执行 "REC（矩形）" 命令，绘制长 62mm，宽 20mm 和长 64mm，宽 10mm 的两个矩形，与上图底边垂直居中对齐，如图 12-106 所示。

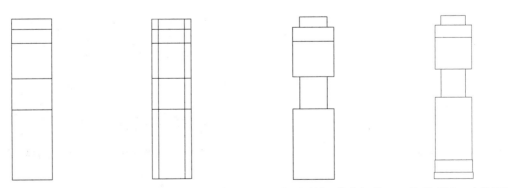

图 12-103　绘制并偏移矩形　图 12-104　偏移矩形边　图 12-105　修剪矩形　图 12-106　对齐矩形图

Step 13 执行 "C（圆）" "O（偏移）" "L（直线）" "样条曲线" 以及 "TR（修剪）" 命令，绘制出滚轮的立面图，尺寸如图 12-107 所示。

Step 14 执行 "CO（复制）" 命令，向左 85mm 处复制一个滚轮，调整圆弧的长度及弯度，效果如图 12-108 所示。

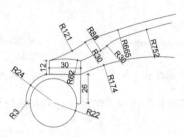

图 12-107　绘制滚轮

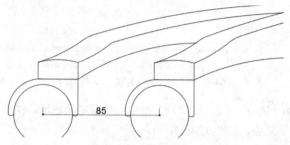

图 12-108　复制滚轮

Step 15 捕捉端点绘制长度为 44mm 的线段，执行 "MI（镜像）" 命令，以线段中点为镜像点，镜像复制出另一边的滚轮，如图 12-109 所示。

Step 16 执行 "F（倒圆角）" 命令，圆角半径设为 100mm，将两边的滚轮连接起来，如图 12-110 所示。

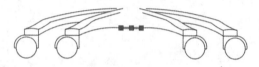

图 12-109　镜像滚轮

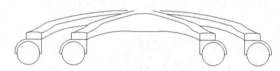

图 12-110　连接滚轮

Step 17 执行 "M（移动）" 命令，将滚轮移动至角码下方，垂直居中对齐，如图 12-111 所示。

Step 18 绘制长 30mm，宽 20mm 和长 30mm，宽 7.5mm 的两个矩形，并垂直居中对齐，执行 "拉伸" 命令，将小矩形上边两个角点各向内拉伸 10mm，其后执行 "A（圆弧）" 命令，绘制两端圆弧连接，如图 12-112 所示。

Step 19 执行 "M（移动）" 命令，将底座部分移动至座椅下方，垂直居中对齐，如图 12-113 所示。

Step 20 执行 "线性" 命令，标注尺寸，如图 12-114 所示。至此完成办公椅立面图的绘制。

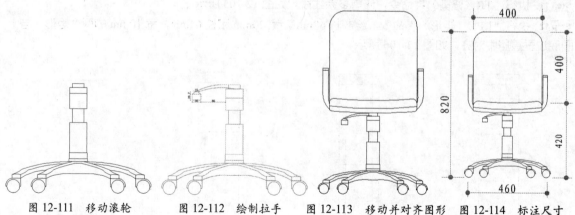

图 12-111　移动滚轮　　　图 12-112　绘制拉手　　　图 12-113　移动并对齐图形　　　图 12-114　标注尺寸

附录 I

家具布置的常用尺度

在对家具进行摆放时，一定要把握好家具与人体之间的尺度关系，这样使用起来，才能事半功倍。下面将向读者介绍一些家具布置的技巧。

1. **起居室常用人体尺度（单位：mm）**

起居室是供人们日间会客、休闲娱乐等主要活动的场所，在家庭布置中，占据着重要的地位。其平面布置应按会客、娱乐、学习等功能进行区域划分。功能区的划分与通道应避免干扰。

A. 常规沙发尺度关系如图附1、附2所示。

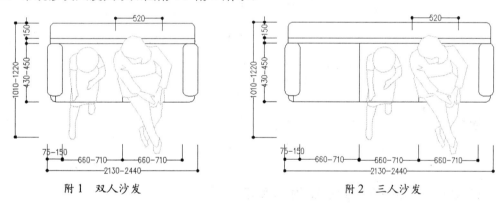

附1 双人沙发　　　　　　　　　　　附2 三人沙发

B. 拐角处沙发与通道之间的尺度关系如图附3、附4所示。

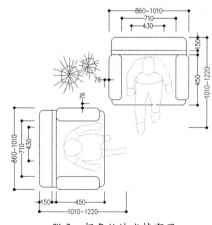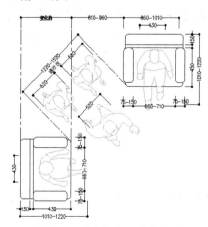

附3 拐角处沙发椅布置　　　　　附4 可通行拐角处沙发布置

C．沙发、茶几以及通道之间的尺度关系如图附 5、附 6 所示。

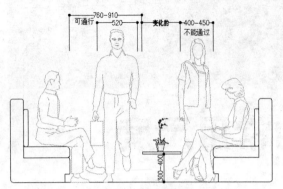

附 5　沙发与通道的间距

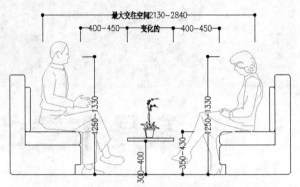

附 6　沙发与茶几间距

2．卧室布置的人体尺度（单位：mm）

卧室是人们休息的主要处所，其功能布局应有睡眠、贮藏及梳妆等部分，平面布局应以床为中心。下面将简单介绍一下床与其他家具之间的尺度关系。

A．常规床尺度关系如图附 7、附 8 所示。

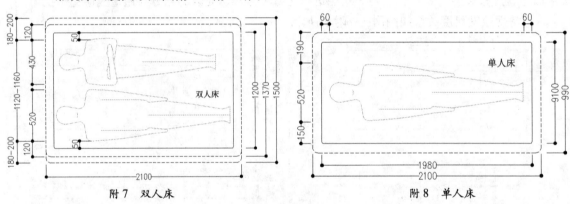

附 7　双人床　　　　　　　　　　　　　　　附 8　单人床

B．双床之间的尺度关系如图附 9、附 10 所示。

C．床与梳妆台之间的尺度关系如图附 11、附 12 所示。

D．床与衣柜之间的尺度关系如图附 13、附 14 所示。

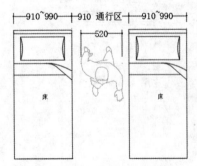
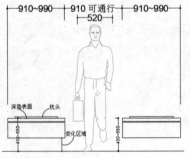
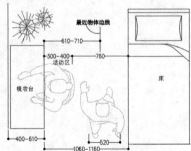

附 9　双床之间的尺度（平面）　　附 10　双床间的尺度（立面）　　附 11　床与梳妆台间的尺度（平面）

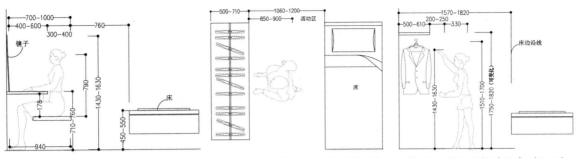

附 12　床与梳妆台间的尺度（立面）　　附 13　床与衣柜的尺度（平面）　　附 14　床与衣柜的尺度（立面）

3. 餐厅布置的人体尺度（单位：mm）

餐厅主要是为人们提供就餐的场所，无论是住宅餐厅还是室外公共餐厅，餐桌餐椅的设计与摆放都很讲究。下面将以住宅餐厅为例，来介绍餐厅内各家具之间的尺度关系。

A. 圆形餐桌椅与通道之间的尺度关系如图附 15、附 16 所示。

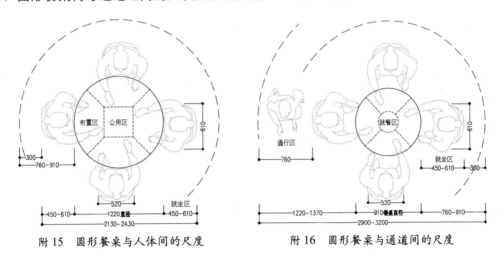

附 15　圆形餐桌与人体间的尺度　　　　　附 16　圆形餐桌与通道间的尺度

B. 方形餐桌与通道之间的尺度关系如图附 17、附 18 所示。

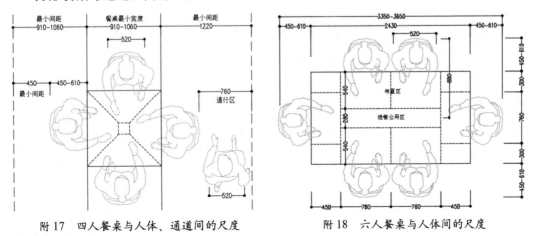

附 17　四人餐桌与人体、通道间的尺度　　　附 18　六人餐桌与人体间的尺度

C. 餐桌、餐椅最小就坐与用餐单元的尺度关系如图附 19、附 20 所示。

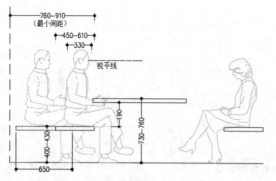

附 19 最小就坐间距（不能通行）

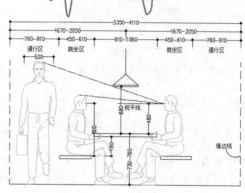

附 20 最小用餐单元宽度

D. 最佳就餐布置尺度关系如图附 21 所示。其中，进餐布置区宽度最小不能小于 610mm，而其进深最小不能小于 530mm，如图附 22 所示。

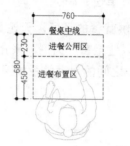

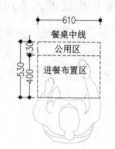

4. 厨卫布置的人体尺度（单位：mm）

附 21 最佳进餐布置尺度 附 22 最小进餐布置尺度

厨房是人们烹饪美食的地方，在对厨房进行布置时，要按照储存、准备和烹饪这三大顺序进行布置，避免互相干扰，方便操作。下面将对厨卫间主要家具的尺度关系进行介绍。

A. 厨柜、洗菜池的人体尺度关系如图附 23、附 24 所示。

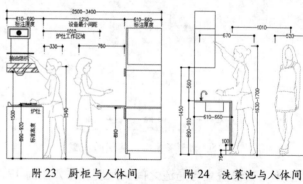

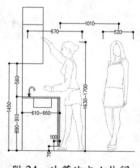

附 23 厨柜与人体间
的尺度

附 24 洗菜池与人体间
的尺度

B. 洗手台、马桶以及浴缸的人体尺度关系如图附 25、附 26、附 27 所示。

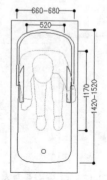

附 25 洗手台与人体间的尺度 附 26 马桶与人体间的尺度 附 27 浴缸与人体间的尺度

附录 II

家具设计的标准尺寸

家具设计要把握好家具的尺寸和空间环境之间的关系，这是一项创作活动，需要技术与艺术的完美融合，以满足现代人的生活需求与审美倾向。下面将简单介绍一些家具的标准尺寸，以供读者参考使用。

1. 板凳类常规尺寸

板凳按照造型可分为很多种，例如折叠凳、圆凳以及长条凳等。其中折叠凳常规尺寸为：290mm×220mm×320mm；而圆凳常规尺寸为：圆凳直径为400~600mm，其高度约500mm；长条凳常规尺寸为：500mm×235mm×420mm。如图附28所示为凳类常规尺寸。

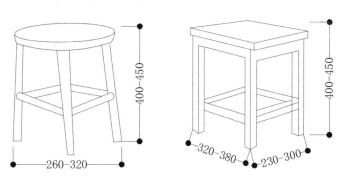

附28　板凳类常规尺寸示意图

2. 座椅类常规尺寸

通常来说，座椅的高度以410mm左右最为合适。坐垫约厚20mm。而儿童座椅其尺寸大约为450mm×450mm×230mm。如图附29所示为座椅类常规尺寸。

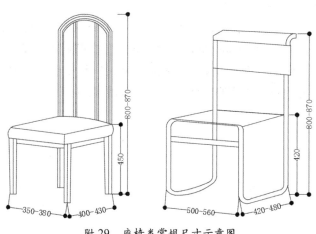

附29　座椅类常规尺寸示意图

3. 餐桌与茶几类常规尺寸

    餐桌的标准尺寸为760mm×760mm 和 1070mm×760mm，但是要注意餐桌的宽度不能小于700mm，而高度应为710mm 左右；茶几常规尺寸为1070mm×350mm（方形）、1200mm×700mm×350mm（长方形）、1100mm×400mm（圆形）。如图附30 所示为茶几与餐桌常规尺寸。

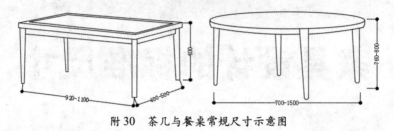

附30　茶几与餐桌常规尺寸示意图

4. 柜类家具标准尺寸

    通常柜类家具包括大衣柜、储物柜、鞋柜、装饰柜以及床头柜等。其中大衣柜常规尺寸为 1500mm×600mm×1800mm；储物柜常规尺寸为 1180mm×380mm×1200mm；鞋柜常规尺寸为 1200mm×300mm×1200mm；而床头柜常规尺寸为 500mm×500mm×450mm，如图附31、附32 所示。

附31　大衣柜常规尺寸示意图　　　　附32　床头柜常规尺寸示意图

5. 沙发及床标准尺寸

    沙发分单人沙发和多人沙发，单人沙发常规尺寸为 800mm×900mm×820mm；而三人沙发常规尺寸为 1800mm×900mm×820mm，如图附33 所示。

    床也分为单人床和双人床，单人床常规尺寸为 1000mm×1800mm×800mm；而双人床常规尺寸为 1800mm×2000mm×800mm，如图附34 所示。

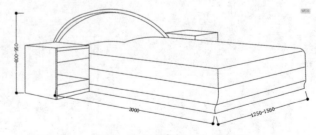

附33　单人沙发常规尺寸示意图　　　　附34　双人床常规尺寸示意图